［美］ 彼得·温克勒（Peter Winkler） 著

谈祥柏 王兄 译

写得如此迷人的 数学 读物是十分罕见的

Mathematical Puzzles: A Connoisseur's Collection

最迷人的数学趣题

—— 一位数学名家精彩的趣题珍集

上海教育出版社

SHANGHAI EDUCATIONAL
PUBLISHING HOUSE

Peter Winkler

Mathematical Puzzles: A Connoisseur's Collection 1st Edition

ISBN: 9781568812014

All rights reserved. Copyright©2004 by CRC Press.

Authorized translation from English language edition published by CRC Press,

a member of Taylor & Francis Group, LLC.

Simplified Chinese translation Copyright©2022 by Shanghai Educational Publishing House.

本书中文简体版由上海教育出版社出版

版权所有，盗版必究

上海市版权局著作权合同登记号图字09-2020-1232号

图书在版编目（CIP）数据

最迷人的数学趣题：一位数学名家精彩的趣题珍集 /
(美) 彼得·温克勒著；谈祥柏，王兄译. — 上海：上海教育出版社，2022.8

（趣味数学精品译丛）

ISBN 978-7-5720-1545-8

Ⅰ.①最… Ⅱ.①彼… ②谈… ③王… Ⅲ.①数学 –
普及读物 Ⅳ.①O1-49

中国版本图书馆CIP数据核字(2022)第140893号

责任编辑　曲春蕊

封面设计　陈　芸

趣味数学精品译丛

最迷人的数学趣题

Zui Miren de Shuxue Quti

──一位数学名家精彩的趣题珍集

[美] 彼得·温克勒　著

谈祥柏　王　兄　译

出版发行　上海教育出版社有限公司

官　　网　www.seph.com.cn

地　　址　上海市闵行区号景路159弄C座

邮　　编　201101

印　　刷　上海昌鑫龙印务有限公司

开　　本　890×1240　1/32　印张 7.25　插页 1

字　　数　156 千字

版　　次　2022年8月第1版

印　　次　2022年8月第1次印刷

书　　号　ISBN 978-7-5720-1545-8/O·0005

定　　价　38.00 元

如发现质量问题，读者可向本社调换　电话：021-64373213

献给露伊丝,感谢她的爱与支持;

献给马丁·加德纳,感谢他的启发;

也献给众多劝阻的朋友、亲戚、同事与评论家,他们赌神发咒地说,此书一旦问世,将如冷水浇头,大大冲淡我对谜题的热情.

目　录

序 // Ⅰ

第 *1* 章　恍然大悟 // 1

第 *2* 章　数 // 16

第 *3* 章　组合学 // 28

第 *4* 章　概率 // 46

第 *5* 章　几何 // 61

第 *6* 章　地理(!) // 80

第 *7* 章　游戏 // 91

第 *8* 章　算法 // 111

第 *9* 章　更多的游戏 // 134

第 *10* 章　障碍 // 144

第 *11* 章　难题 // 169

第 *12* 章　未解决的谜题 // 198

结束语 // 222

序

任何人进入智慧的神殿之前都必须经过怀疑的通道.当我们陷于疑虑,并通过自身的努力找到真理时,我们将会得到一些有用的东西,它们将会留在我们身边,继续为我们服务.但如果为了逃避艰苦的探索,求教别人而获得解决问题的信息,那么这种知识是留不住的;它们不是我们花了血汗钱去买来的,只是向别人借来的.

——考尔顿(C. C. Colton)

本书中的这些谜题并不是对任何人都合适的.

为了欣赏它们,解决它们,你必须喜欢数学,但是这还远远不够.你需要知道点、直线、素数是什么意思,手上的五张扑克牌究竟有多少种组合方法.更为重要的是,你需要知道所谓"证明"的确切意思.

然而你并不需要掌握专业数学工作者的知识.要是你懂得什么是一个"群",这当然很好,但这里你并不需要了解它.你的电脑、计算器、微积分教科书可以原封不动地放在盒子里,但你必须戴上"思维之帽",好好开动你的脑筋.

你们会是些什么人？或许是业余数学家,各种门类的科学家,头脑机灵的高中生,大学生,等等？不过,即使是专业数学工作者与数学教师,也会在本书中发现一些新的挑战性问题.这些谜题在杂志的论文中,家庭作业本上,以及在别的趣题书上是找不到的.

我从哪里收集来这些谜题呢？主要是靠口口相传.在数学家之间,这些谜题就像笑话那样不胫而走.在某些情况下,它们也有着书面材料或文字依据,如全苏联数学竞赛中的一道题目,国际数学奥林匹克竞赛中的一个问题,乃至马丁·加德纳（Martin Gardner）先生所写的一篇数学专栏文章,等等.当然,没有必要去引用原始的书面材料,即使真是那样,某些改头换面的趣题也已在圈子里传来传去,议论过好几年了.在本书中,有时我可以提供谜题发明者的姓氏（譬如说,设计者就是我本人）.不少题目的解法是我想出来的,不一定是原作者所拟的参考答案.只是在解法实在太巧妙,舍不得割舍的情况下才提供好几个解法.

谜题的文字叙述以及它们的解答都是由我拟定的,错误与题意含混等缺点一概由我负责.欢迎读者们通过电子邮件 pw@akpeters.com 提出批评、修改意见,也欢迎大家提供谜题的出处等有关信息（但请注意：本书第 12 章中已指出,请不要把未解决问题的设想解法寄给我,因我才疏学浅,力不胜任）.

至于写这本书,作为专业数学家的我已有整整 28 个年头（其中 14 年在大学或学院,14 年在大企业）.早在 20 世纪读高中时期,已经着手搜集谜题.你们在书中看到的,只是其中的一百多道我特别喜爱的题目.收入书中的谜题,要尽量满足下列要求：

- **趣味性** 它一定要有趣.每年都有一批威廉·洛惠尔、普特南数学竞赛题,用来测试美国与加拿大两国大专学生的智力,这些题目尽管设计得很好,但并不见得都是有趣的(顺便说一句,在本书中也还是收进了一些普特南试题).

- **通用性** 谜题应当体现某些普遍成立的数学真理.一些复杂的逻辑问题;矫揉造作的代数谜题,如"两年后,爱丽丝的年龄将是鲍勃年龄的两倍,当……";依赖大数性质的趣题,以及其他类型精心设计的问题,由于不符合这项标准,我都一概不收.

- **优雅性** 谜题能用初等数学方法解决,易于叙述,为了便于口头传播,应该三言两语就能把它记住.在介绍或说明问题时如果能出其不意,带来几分惊喜,当然更好.

- **有一定难度** 凡是一眼就能看出解法的肤浅问题,本书不收.

- **可解性** 谜题至少要有一个初等解法并且容易使人信服.

最后两点要求形成了一种压力:入选的谜题要求有一个初等解,但真正把它解出来却不容易.就像是一个精心设计的谜语:解法很难找到,欣赏却极容易.不过,对于书中第12章的未解决谜题来说,难度是十分明显的,因此最后一个约束必须免除.

最后,对本书的布局与安排再提上一笔,方便起见,已根据问题的提法及解答所属的相近数学领域分为若干章节.各题的解法集中在各章之尾(最后一章除外,因为迄今没有找到解法),每道题目的解答结束时,打上一个"♥"记号.如果该题有背景材料或出处,也就顺便加以说明.在谜题的解答部分,前面的叙述一概略去,不再重复.本书作者衷心希望各位在阅读解答之前,把所有的谜题都自己研讨一下.

　　总而言之,书中的这些谜题是困难的.在您读到书中所给出的某个精彩解答之前,有不少题目曾被视为未解决问题来看待.由此观之,本书最后一章的所谓悬而未决的问题,不过是更上一层楼,更加困难一些而已.

　　你可以为你解出的任何一道谜题而感到骄傲,如果你的解法比我更好,那就更值得嘉勉.

　　祝你交上好运!

彼得·温克勒

第 *1* 章

恍 然 大 悟

在集中进行了紧张的艰苦思索之后的休整期,直观思维似乎就能从潜意识中突然涌现,从而弄清真相,洞察一切,身心愉悦,皆大欢喜.

——弗里约夫·卡普拉(Fritjof Capra),物理学家

作为热身赛,本章所收的一些谜题并不涉及某个特定的话题或解法技巧.然而,如同通常情况所表明的那样,解题时的某些灵感思维(洞察力)将使你掌握要领,走上正路.下面就来说一个具体例子.

一列钱币

桌上有 50 枚钱币排成一列,各种面值都有.爱丽丝从两个终端之一拿起 1 枚钱币,放进自己的口袋里;接着,鲍勃①从剩下来

---

① 罗伯特(Robert)的昵称.——译者注

的两个终端之一挑出 1 枚钱币放入自己的腰包,双方就这样轮流取钱,直至鲍勃拿了最后 1 枚为止.

试证明爱丽丝会有一种游戏策略,保证她至少能拿到与鲍勃一样多的钱.

你不妨拿几枚钱币(或随机数)来试一试,不必用 50 枚,也许 4 至 6 枚就行.最优策略似乎不明显,是不是? 不过,兴许是爱丽丝根本不需要运用最优策略.现在,倒是有个机会为你提供一个前例,在进一步往下阅读正文前先把它解出来.

解答　将钱币从 1 到 50 编号.注意到不论鲍勃如何取钱,爱丽丝总是有可能把所有偶数号码的钱拿到手;倘若她宁愿取所有奇数号码的钱,那她也可以如愿.两种取法之中,总是有一个取法不比另一个差. ♥

这个谜题是由数学家诺加·阿隆(Noga Alon)提供给我的,据说原是以色列一家高科技公司用来测试应聘员工的试题.一般地说,爱丽丝有着比选取全部偶数或全部奇数钱币更优的策略.然而,一开始如果有 51 枚钱币,而不是 50 枚的话,那么通常是鲍勃(后手)能赢,尽管他拿的钱币的数量比爱丽丝少,总的币值却要大些.钱币个数的奇偶性改变,竟然对结果产生如此大的差异(一切取钱币行动都不能在中间,必须在两端),真是有点不可思议.

上面只是导引,现在你可要自己独立思考了.我们将从两个谜题开始(它们的数学气息不浓),然后过渡到严肃得多的问题.让你的幻想力来带路吧!

毕斯比家的小男孩

上课第一天,范德曼夫人看到两个长得一模一样的小男孩唐纳德·毕斯比和罗纳德·毕斯比坐在第一排.

"你们是双胞胎吗?"夫人问道.

他们一致回答:"不,不是."

然而,入学登记表显示,他们的父母亲相同,而且出生于同一天.这究竟是怎么一回事呢?

阁楼上的电灯开关

楼下的控制面板上有三只开关,其中之一操控着阁楼上的电灯,但究竟是哪一只开关呢?

给你的任务是:可以动动开关,然后迅速走上阁楼去,继而说出哪只开关是和阁楼上的电灯相连通的.

汽油危机

汽油危机已经来临,大家都在叫油荒.分散在长长的环形公路各处的加油站所存的油量仅仅够你跑一圈而无点滴富余.

试证明:如果你在一个合适的加油站开始启程,把空油箱加足了汽油,你有充分把握可以跑完一圈,不会中途抛锚.

巧用保险丝①

给你提供两根保险丝(导火索),燃完一根正好历时 1 分钟,但因材料不均匀,分段点燃时,时间与长度不成比例.

你能否利用它们来准确定出 45 秒的时间?

---

① 本书译者之一早已将它改编为"午时三刻劫法场",详见《故事中的数学》,谈祥柏编著,中国少年儿童出版社,2004 年 5 月第 1 版.——译者注

整数与矩形

把平面上的一个矩形分割为若干个较小的矩形,每一个小矩形都具有整数的高度或宽度(或两者兼有).

试证明:原来的大矩形也具有这种性质.

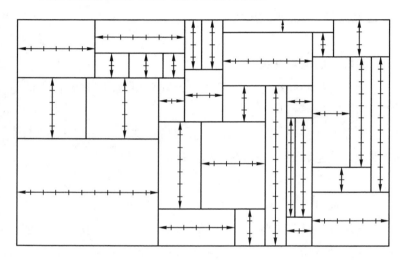

天平的倾斜

教师讲台上有一架天平,指针目前偏向右边.天平装备着一组砝码,其中的每一个上都记录着至少一名学生的姓名.进入教室时,每个学生都要做一个奇怪的动作:把记有他或她姓名的砝码放进与指针方向相反的秤盘中去.

试证明:作为教师的你,在把学生一个个叫进教室时,必定存在着学生的某个子集,使天平的指针向左倾斜.

桌上的手表

一张桌子上放着50块走时准确的手表.试证明:存在着这样

一个时刻,桌子中心到各个分针终端的距离之和大于桌子中心到各块手表中心的距离之和.

在棋盘格子上做标记

在一只 $n \times n$ 方格棋盘上做游戏,爱丽丝先走,她把角上的一个方格做了标记.接下来是鲍勃,将与之相邻的一格打上标记.但应注意,所谓"相邻",是指或纵或横地毗连在一起,斜的不算数.此后,爱丽丝与鲍勃轮流这样做,直到最后没有一个尚未打上标记的相邻方格为止.此时轮到谁走,谁便是输家.

请问:对 n 的哪些值,爱丽丝有着取胜策略? 如果她第一次做标记的不是角上的方格,而是同它相邻的某一格,那么对什么样的 n 值,她可以取胜?

直上九霄的指数方程

20 世纪 60 年代的一次美国高中生数学考试中有一道怪题:
若

$$x^{x^{x^{\cdot^{\cdot^{\cdot}}}}}=2,$$

那么 x 等于什么?

在内定的答案中,要求观察到,"底" x 上面的指数同整个表达式中的 x 是无边无际、一模一样的,从而有 $x^2=2$,所以 $x=\sqrt{2}$.

但是,有一位考生注意到,若题目形式稍有改变,改为

$$x^{x^{x^{\cdot^{\cdot^{\cdot}}}}}=4,$$

他将得出同样的答案, $x=\sqrt[4]{4}=\sqrt{2}$.

现在问你：

究竟等于什么呢？

请给出证明过程，而不光是说出一个答案.

战场上的士兵

总数为奇数的士兵驻扎在一个战场上，任何两名士兵之间的距离都不相等.每个士兵被告知，对距他最近的其他士兵要严密监视.

请证明：至少有一个士兵未受监视.

区间与距离

设 S 为单位区间 $[0,1]$ 中 k 个不相交的闭区间之并集.假定 S 还具有以下性质：对 $[0,1]$ 中的任一实数 d，S 中存在着两个距离等于 d 的点.

试证明：S 中各区间的长度之和至少为 $\dfrac{1}{k}$.

和为 15 是赢家

爱丽丝与鲍勃在 $1,2,\cdots,9$ 九个数字中轮流取数，不准重复.先取到三数之和为 15 的是赢家.请问：爱丽丝(先走者)有没有一个稳操胜券的策略？

解 答 与 注 释

毕斯比家的小男孩

这是一道传统的动脑筋题.当然是三胞胎啰.第三个孩子(大概叫阿诺德吧?)在另一个班级里.

阁楼上的电灯开关

十几年前,这个谜题像流行性感冒一样横扫全球;但我并不知道它的出处.

如果你到阁楼上走一遭只能得到点滴信息的话,那是不可能查明哪只开关与电灯连通的,然而,只要利用你的手,你可以获得更多信息.扳上开关 1 与 2,等几分钟.关掉开关 2,然后奔上阁楼.如果电灯不亮,但摸上去微温,那就表明开关 2 是控制这盏灯的. ♥

如果不能触摸电灯泡,但你非常有耐心,那么同样也能奏效.扳上开关 2,等上几个月之后再扳到 1,然后跑到阁楼上去.如果发现灯泡已经烧坏,那么开关 2 便是罪魁祸首.

汽油危机

这个趣题已传播多时,在拉萨洛·罗伐茨(László Lovász)的名著《组合数学问题与练习》(荷兰,阿姆斯特丹市 1979 年出版)中也可查到它.解题的窍门是:设想你在第 1 站带上足够的汽油,沿着公路环行,每到一处,便把那里的汽油倒进油箱.当你回到起点第 1 站时,你将发现,油箱里的剩油与出发时一样多.

每经一站,你必须作好记录,油箱里还有多少油;设想在第 k 站,油量减到最小值.这就表明,如果你从第 k 站启程,而油箱里空空如也,你也可以环行一周,途中不愁汽油断档. ♥

巧用保险丝

同时点燃一根保险丝的两端,另一根保险丝的一头.当第一根保险丝烧光时(半分钟以后),马上点燃第二根保险丝的另一头.这样一来,它烧完时,45 秒钟就过去了. ♥

此题与其他类似问题数年前像野火一样到处传播.游戏数学专家狄克·海斯(Dick Hess)曾为它写过一本篇幅不长的书,书名叫《鞋带时钟趣题》(Shoelace Clock Puzzles),他曾提到,上述趣题是从哈佛大学的卡尔·莫理斯(Carl Morris)那里听来的.

海斯所考虑的是有着不同长度的多根保险丝(对他来说,用的是鞋带),但只能在两头点燃.如果允许在中间点火,再添加一些技巧,那就可以花样更多.譬如说,你可以利用一根 60 秒钟烧完的保险丝来得出 10 秒钟的时间,办法是,先在两头及两个中间点处点燃,每当一段绳子烧完,就马上在一个新的中间点处点燃.也就是说,自始至终都有三段绳子在两头同时燃烧.保险丝的燃烧速度将是原先设想的六倍.

不过,干这种事总是有点傻乎乎的,难免惹人笑话.为了得出准确的时间,你将需要无穷多根火柴来点火.

整数与矩形

这个谜题的出处是斯坦·沃根(Stan Wagon)(美国明尼苏达州圣保罗市的玛卡莱斯特学院)所写的一篇论文,名叫《拼镶矩形问题中一个结论的十四种证法》("Fourteen Proofs of a Result about Tiling a Rectangle"),详见《美国数学月刊》(*The American Mathematical Monthly*),第 94 卷(1987 年),第 601~617 页.

沃根的某些证法巧妙地运用了笨重的数学机器,使之化繁为易,避重就轻.其中之一是并不要求将大矩形的左下角顶点作为坐标原点.作为单位的坐标网格是边长为 $\frac{1}{2}$ 的正方形.把这些正方形交替地着成黑、白两色,像国际象棋盘那样,我们将会看到,每个小矩形都是一半黑、一半白.从而,大矩形也一定是半黑半白.然而,如果大矩形的高不是整数的话,那么在 $x=0$ 与 $x=\frac{1}{2}$ 之间的条状区域就不能保持黑、白均衡了.由此,大矩形的宽度非整数不可. ♥

本书作者对下面的解法负责,沃根的论文中找不到它.设 ϵ 比最小的分划偏差还要小,然后把每一个有整数宽度的小矩形着成绿色,除了顶上与底下分别留出一条宽度为 ϵ 的红色横条.接着将余下的小矩形着成红色,但在左边留出一条宽度为 ϵ 的绿色直条,右边也留出另一条(见下页图).

将整个大矩形的左下角顶点放到坐标原点,则存在着一条绿色通道,从大矩形的左边通向右边,或者存在一条从底部通到上面的红色通道.

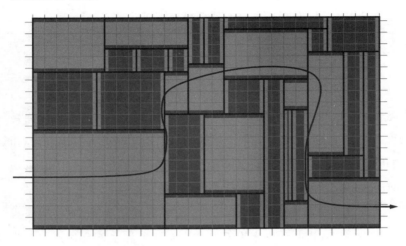

设为前者,则每当绿色通道穿越内部分划的一个垂直边界时,它必然是具有整数坐标的.因此,大矩形的宽度为整数.

类似地可以证明,从底部通到上面的红色通道将迫使大矩形的高度是个整数.

天平的倾斜

考虑所有的学生子集,包括空集与全集.每个砝码有一半时间在左边的盘中,所以对这些子集来说,左盘的砝码总质量与右盘的砝码总质量是相等的.由于空集将导致天平向右倾斜,因此必然有某个其他子集导致天平向左倾斜.

本题出处:第二届全苏联数学竞赛,列宁格勒[①],1968 年. ♥

这里所用到的"平均"技巧会频频出现,请密切关注!

---

① 现为圣彼得堡.——译者注

桌上的手表

考虑其中的一块手表,我们断言,经过一小时后,从桌子中心 C 到分针尖端的平均距离将大于 C 到手表中心 W 的距离.这是由于以下原因,如果我们通过 C 作一直线 l,使它垂直于 CW,那么 M 到 l 的平均距离显然等于 W 到 l 的距离,而后者又转而等于 CW.至于 CM 呢,它至少等于 M 到 l 的距离,但通常比它大.

对桌上所有的手表来寻求总和,结论当然也是成立的.从而可知,在一小时内的某个时刻,不等式将成立. ♥

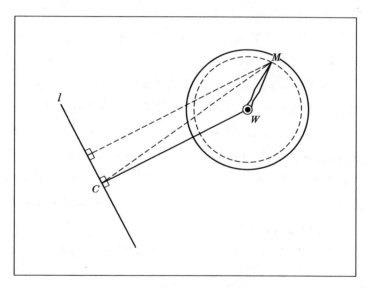

要求桌上所有手表走时准确,则是为了保证每根分针都在作匀速运动.速度不一样其实无关紧要,除非我们耐性有限,只限于一小时.

一个附加注释:如果你审慎地拨好与放置手表,那么你可以保证做到,使桌子中心到分针尖端的距离之和永远严格大于桌子中心到手表中心的距离之和.

本题出处:第十届全苏联数学竞赛,杜尚别市,1976 年.

在棋盘格子上做标记

若 n 为偶数,则不管爱丽丝从何处开始,鲍勃都有一个简单的取胜策略.他只要想出如何用骨牌来覆盖棋盘就行.我们知道,每块骨牌可以盖住棋盘上两个相邻的方格.鲍勃只要走一下由爱丽丝所走的那块骨牌的下一半就行.(即使改变游戏规则,爱丽丝可以随心所欲地标记棋盘上的任意一格,这个策略仍然管用!)

若 n 为奇数,而爱丽丝从角上开始,则她要赢的话,只需想出,在剔除角上的一格后,怎样用骨牌覆盖剩下的棋盘就行.

但是,若 n 为奇数,而爱丽丝第一步必须先走与角上相邻的一格时,则她就会输.设想角上的是黑格,她开始的一格是白格.必然存在着整个棋盘除去一个黑格后的骨牌覆盖方式.鲍勃只要补完这些骨牌就能赢,然而爱丽丝永远不能标记一个未认定的方格,因为所有的她认定的方格全是白格. ♥

本题出处:第十二届全苏联数学竞赛,塔什干,1978 年.

直上九霄的指数方程

如果

真的有意义,那么它一定是数列 $\sqrt{2}$, $\sqrt{2}^{\sqrt{2}}$, $\sqrt{2}^{\sqrt{2}^{\sqrt{2}}}$, $\cdots$ 的极限.事实上,该极限的确存在,因为数列单调递增而且有上界.

为了证明前者,让我们把数列的各项记为 S_1,S_2,$\cdots$.由数学归纳法,可以证明,对每个 $i \geqslant 1$,有 $1 < S_i < S_{i+1}$.证明这一点很容易,因为

$$S_{i+2} = \sqrt{2}^{S_{i+1}} > \sqrt{2}^{S_i} = S_{i+1}.$$

为了求出上界,请注意,如果在任意 S_i 中把顶上的 $\sqrt{2}$ 用较大的值 2 去取代,那么整个表达式坍缩为 2.

既然我们已知极限存在,不妨称之为 y;当然它必须满足等式 $\sqrt{2}^y = y$.观察方程 $x = y^{\frac{1}{y}}$,由初等微积分(嘘! 真抱歉)可知,x 是严格单调递增函数,并在 $y = e$ 处达到最大值,其后即变为严格单调递减.因而,对任一给定的 x 值,至多只有两个 y 值与之对应,而对 $x = \sqrt{2}$,其对应值为 $y = 2$ 与 $y = 4$.

由于数列的上限为 2,我们必须将 4 排除,从而得出结论:$y = 2$.

♥

推广上述论证,我们将可看到 $x^{x^{x^{\cdots}}}$ 确是有意义的,只要 $1 \leqslant x \leqslant e^{\frac{1}{e}}$,其值等于方程 $x = y^{\frac{1}{y}}$ 的较小的根.当 $x = e^{\frac{1}{e}}$ 时,表达式的值等于 e,但一旦 x 超过了 $e^{\frac{1}{e}}$,则数列发散为无穷大.

大数学家列昂纳德·欧拉(Leonhard Euler)早在 1778 年就已经观察到这一事实!

战场上的士兵

此题来自 1966 年在伏隆涅什市举办的第六届全苏联数学竞赛,最简捷的解法是从相互距离最近的两名士兵着手.这两个家伙都在监视对方,如果还有第三者在监视他们中的一人,那么将有一名士兵受到了两人的监视,从而第三者就会没有受到监视.如果情况不是这样,那么这两名士兵可以排除在外而不影响其他人.由于士兵的总数是个奇数,因此最终一定可以归结到只剩下一名不监视别人的士兵,引出了矛盾. ♥

区间与距离

此题来自 1983 年在基什尼奥夫市举办的第十七届全苏联数学竞赛.

设 S 中各区间长度为 $S_1, S_2, \cdots, S_k$,其和为 S.现在来考虑一点取自第 i 区间,另一点取自第 j 区间的,距离为 I_{ij} 的区间.显然,I_{ij} 的长度为 $S_i + S_j$.对所有各对区间求和,由于每个 S_i 出现 $k-1$ 次,故而选自两个不同区间的点所形成的距离测度至多等于 $(k-1)S$.而从同一区间选出的两个点,其距离最小为 0,最大不过是 S_i 的长度;这样一来,距离测度至多不过等于 kS;由 $kS \geqslant 1$,我们可以得出 $S \geqslant \dfrac{1}{k}$. ♥

当最大的 S_i 等于 S 时(即除了一个区间以外,所有其他区间的长度为 0),上述论证绷得很紧,毫无宽松余地[①],但这是可以做到的,只要对某个 $j \in \{0, 1, \cdots, k-1\}$,取一个区间,使之等于

---

① 原文如此,意思是指,此时不等式变为等式.——译者注

$$\left[\frac{j}{k}, \frac{j+1}{k}\right]$$,再加上一系列孤立点 $0, \frac{1}{k}, \frac{2}{k}, \cdots, \frac{j-2}{k}, \frac{j-1}{k}, \frac{j+2}{k},$

$\frac{j+3}{k}, \cdots, 1$ 就行.

和为 15 是赢家

解决这道谜题的简捷办法如下:设想爱丽丝与鲍勃在玩下面的幻方游戏.

$$
\begin{array}{ccc}
8 & 1 & 6 \\
3 & 5 & 7 \\
4 & 9 & 2
\end{array}
$$

由于各行、各列与两条主对角线上的三个数字之和为 15,因此他们其实是在玩"吃井字"游戏!谁都知道"吃井字"游戏的最好玩法是双方打成平局,所以本题的答案是否定的.爱丽丝根本没有取胜策略.

在经典性的皇皇巨著、由埃尔温·伯莱坎普(Elwyn Berlekamp)[①]、约翰·康威(John Conway)与理查德·盖伊(Richard Guy)编著的《稳操胜券》(*Winning Ways for Your Mathematical Plays*,美国学术出版社 1982 年初版,A K Peters 出版社 2001 年第二版)的第二卷中曾提到过这个傻乎乎的游戏,据说它来自一个名叫彼利柯洛索·斯波格西的意大利人,但本书作者对此深表怀疑,因为在意大利各处的铁路线上经常可以看到这个词组或短语,其实是在提醒旅客,切勿把头伸出窗外!

---

① 美国著名数学家,《稳操胜券》的三位作者之一,2005 年曾应邀来中国上海等地讲学.——译者注

第 *2* 章

数

我们学习,意在享乐,

在大厅里我们翩翩起舞,

但是掌握计算,则是

得到这一切的密钥.

——"芝麻街"剧中的伯爵

数是无穷多幻想的源头,但对某些人来说,却是一个终生的痼疾.有些人甚至能被一些特殊数目的性质所征服,而利用数字的特性,可以编出许多引人入胜的谜题,为了解决它们,往往需要对匮乏的数据进行复杂的推理.

不过,本书旨在收集通用性较强的问题,我们感兴趣的数论问题主要涉及数的一般性质,并不追求稀奇古怪的特性.因而,在绝大多数情况下,为了解决书中的谜题,所需的知识只不过是下述事实,即任一正整数可以唯一地表示为各个素数方幂的乘积,不需要了解得更多.

下面来谈一个从实际生活中产生的趣题.

更衣室的门

学校体育馆里有一排更衣室,编号为 1 至 100.第一位学生到来,她把所有的门都打开了;第二位学生经过,又把所有编号为偶数的门统统关上;第三位学生则把号码为 3 的倍数的门状态加以改变:开的变关,关的变开.

所有 100 名学生都不约而同地照此行动.请问:最后一名学生离开时,有哪些门是开着的?

解答 在第 k 位学生(k 是 n 的任一除数)走过以后,第 n 号更衣室的门状态发生改变.此处,我们要利用已知事实,即一般地说,除数往往是结合成对子 $\{j,k\}$ 的,且 $j \cdot k = n$,因而学生 j、k 走过以后,对门的作用等于零;例外的情形是 n 为完全平方数时,这时,没有别的除数可以抵消第 $\sqrt{n}$ 名学生的动作所产生的后果.因此,更衣室的门最后敞开着的是那些完全平方数:1,4,9,16,25,36,49,64,81,100. ♥

以下,我们将从一系列有关整数的十进制表示法的事实观察出发,引进若干谜题,最后用一个令人惊讶的餐桌难题来结束本章①.

零,一,二

设 n 为自然数,求证:

(a) 存在一个 n 的非零倍数,它的十进制表示形式中全是 0

---

① 原文如此,实际上本章没有所谓的餐桌难题,它已被转移到下一章"组合学"中.——译者注

和 1,没有别的数字;

(b) 存在一个 2^n 的倍数,它的十进制表示形式中全是 1 和 2.

和与差

给出 25 个不同的正数,试证明:你可以从中选出两个数,使它们的和或差与其他数目都不相等.

生成有理数

集合 S 含有 0、1 以及 S 的任一有限非空子集中各个成员的算术平均数.求证:S 含有单位区间内的全部有理数.

分数求和

给定一个大于 1 的自然数 n,然后把所有的形式为 $\dfrac{1}{pq}$ 的分数相加起来,其中 p、q 互素,且有 $0 < p < q \leqslant n$, $p+q > n$.

求证:求和结果永远等于 $\dfrac{1}{2}$.

围着桌子相减

写出 n 个正整数的系列,把它们放在正 n 边形桌子的角上,然后把每个正整数抹掉,代之以它与它的后继者的差的绝对值.然后重复上述操作,直至所有的数目都等于 0 为止.

求证:当 $n=5$ 时,上述操作可以没完没了地一直做下去,但当 $n=4$ 时,必定会终止.

获利与亏蚀

股东们开会时,布告栏上展示着上次会议以来的月报表,或盈或亏,历历在目.财务主管说:"请各位注意,在任何一个持续八个月的周期内,我们总是能赚钱的."

"也许如此吧,"有位股东抱怨地说,"但是我却看到,在任何一个连续五个月的周期内,我们总是亏蚀的!"

请问:从上次会议至今,最多已经过去了几个月份?

辞典里的第一个奇数

从 1 到 10^{10},每一个数目都用规范的英文书写出来,例如,211写成 two hundred eleven,1 042 写成 one thousand forty-two,等等,然后按字母顺序把它们列出一张表格(就像辞典里一样,但字母空隙与短划线忽略不计).

试问:表格中的第一个奇数是什么?

解 答 与 注 释

零,一,二

对证明的第一部分(a),我们可以利用闻名遐迩的"鸽舍原理"[1]:如果鸽子比鸽舍多,那么某只鸽舍里一定至少有两只鸽子.对模数 n 来说,只有 n 个剩余,但集合 $\{1,11,111,1\,111,\cdots\}$ 的最大成员有 $n+1$ 个 1,因此集合里有 $n+1$ 个成员,所以其中必然存在着两个对模同余的.把两者相减一下就行了! ♥

正如戴维·盖尔(David Gale)向我指出的那样,只要 n 不是 2 或 5 的倍数,你们甚至可以找到 n 的一个倍数,它的十进制表示全部由 1 组成.理由如下:上述论证业已表明, n 的一个倍数可以写成 $111\cdots111000\cdots000$ 的形式;如果尾巴上有 k 个 0,那么只要用 $10^k=2^k\cdot5^k$ 去除一下,即可得出全部由 1 组成而仍然是 k 的倍数的数.

至于对(b)的证明,最容易的办法莫过于对 k 利用数学归纳法来证明:存在一个全部由 1 与 2 组成的 k 位数,而且是 2^k 的倍

---

[1] 我国一般称为"抽屉原理".——译者注

数.在这样一个数字前面添写一个 1 或一个 2,等于是用原数去乘 $2^k \cdot 5^k$ 或 $2^{k+1} \cdot 5^k$,而这两种情况都保存了原数可以被 2^k 整除的性质;由于以上两种选择的差别是 $2^k \cdot 5^k$,因此它们中间的一个必然真的可以被 2^{k+1} 整除。 ♥

这些问题中的第(a)题是航天技术研究所与罗格斯大学的木图·马萨克利希南(Muthu Muthukrishnan)告诉我的.第(b)题来自 1971 年在里加举行的第五届全苏联数学竞赛;此处的解答则由马里兰大学的沙赫·伯格(Sasha Barg)所提供。

1967 年在第比利斯举行的第一届全苏联数学竞赛中有一道类似的题目,要求证明存在一个数,它可以被 5^{1000} 整除,而其十进制表示中没有 0.此题有一个证法,若命题不真,能整除该数的 5 的最大方幂为 k.假定 n 为任一至少有 k 位(其中没有一个是 0),且含有 5 的因子最多($j \leqslant k$),则如果 $n \equiv d \mod 5^{j+1}$,那么在减去 $d \cdot 10^{j+1}$ 或加上 $(5-d) \cdot 10^{j+1}$ 之后,所得之数仍然不含 0,但可除性将得到提升,从而引出了矛盾。 ♥

和与差

此题也曾出现于 1971 年里加市举行的全苏联数学竞赛.设给出的数为 $x_1 < x_2 < \cdots < x_n$.如果 x_n 不能作为所需数中的一个,那必定是由于对每一个较低下标的数 x_i,存在着另一个数 x_j,而 $x_i + x_j = x_n$ 之故.因而,前面 24 个数可以互相结成对子,使 $x_i + x_{n-i-1} = x_n$.现在来考虑 x_{n-1} 同 $x_2, \cdots, x_{n-2}$ 中的任一个数在一起的情况,这些对子之和显然要大于 $x_n = x_{n-1} + x_1$,因而 $x_2, \cdots, x_{n-2}$ 也必须结成对子,其时将满足等式 $x_{2+i} + x_{n-2-i} = x_{n-1}$,但那

样一来将把 $x_{\frac{n-1}{2}}$ 留下来同自身结对,于是可把 x_{n-1},$x_{\frac{n-1}{2}}$ 选出来,解决了问题. ♥

生成有理数

首先应该注意到 S 中含有一切"二进"有理数,即形如 $\dfrac{p}{2^n}$ 的有理数;我们可以把两个分母为较低次幂的相邻分数加以"平均",即可得出所有这些分母为 2^n,而分子为奇数的"二进"分数.

现在,一般地说,任一 $\dfrac{p}{q}$ 形式的分数,当然是 p 个 1,$q-p$ 个 0 的平均了,我们可从中挑出 n 个较大的,并将 $\dfrac{1}{2^n}$,$-\dfrac{1}{2^n}$,$\dfrac{2}{2^n}$,$-\dfrac{2}{2^n}$,$\dfrac{3}{2^n}$ 等来取代 0,若 p 为奇数时,其中也有一个 0.与此类似地,我们也用 $1-\dfrac{1}{2^n}$,$1+\dfrac{1}{2^n}$,$1-\dfrac{2}{2^n}$ 等来取代其中的 1.这样做的时候,某些数将有可能位于单位区间之外,但我们可以重新加以调整,以便使含有 $\dfrac{p}{q}$ 的二进区间严格地处于 0、1 之间.

本题出处:第十三届全苏联数学竞赛,第比利斯市,1979 年.

分数求和

此题可以用数学归纳法来证明,请注意 $n=2$ 时断言为真.从 n 过渡到 $n+1$ 时,对满足 $(p,n)=1$ 的每一个 p,都将多出一个分数 $\dfrac{1}{pn}$,而对能使 $(p,q)=1$ 与 $p+q=n$ 成立的每对 p、q,势将减

少一个分数 $\frac{1}{pq}$.

这样一来,满足谜题条件的每一对 p、q 意味着要损失 $\frac{1}{pq}$,但可以获得 $\frac{1}{pn}+\frac{1}{qn}=\frac{1}{pq}$,一得一失,正好完全抵消. ♥

本题出处:第三届全苏联数学竞赛,基辅市,1969 年.

围着桌子相减

一位高中数学代课老师(1962 年时,他在美国新泽西州金草场高级中学任教)告诉我,某个"二战"囚犯经常做这种游戏来打发时间,随便挑选四个数目,看看它们在上述的一系列操作下究竟能维持多少时间.

只要考虑一些模 2 的同余数,上述两个问题就都能得到解决.当 $n=4$ 时,如果把旋转与反射都算进去,1000 与 1110 将变成1100,然后是 1010,再变为 1111,最后变为 0000.由于所有的情形都已计及,可以看出,如果开始时做游戏的是四个普通整数,那么至多只需要四步就可以使所有的数统统一模一样.在那时,也可以用最大的 2 的公共幂来相除.由于在变换时,最大数的值 M 永远不会增加,而且每经过四步,至少跌落一个 2 的因子,因此至多经过$4(1+[\log_2 M])$步,数列最终一定会到达不可避免的结局 0000.

另一方面,当 $n=5$ 时,11000(不论它们是二进制数,还是普通十进数)将始终在不断地转圈子:

$$10100,11110,11000.$$ ♥

借助于略施小技的模 2 整数多项式分析,不难看出,最终结局能否一律平等,要看 n 是不是 2 的整数次幂.

如果把整数的限制条件加以放宽,那么不可思议的事情来了.存在着唯一的四个正实数(显而易见的,如前后顺序颠倒等不予考虑),可以使游戏一直玩下去,永无"涅槃"之日.这一事实,最近已由安托尼 · 贝恩(Antonio Behn)、克利思 · 克列布斯-查列塔(Chris Kribs-Zaleta)、瓦迪姆 · 波诺马连科(Vadim Ponomarenko)等人指出.

获利与亏蚀

这一谜题改编自 1977 年国际数学奥林匹克竞赛的一道题目,原题由一位越南人提出.本书作者感谢狄都 · 安德列斯科(Titu Andreescu)告知题目信息.不过,下面的解法是我自己想出来的.

毋庸置疑,当然需要知道数字串的最大长度,以使任一长度为 8 的子串的数字之和大于 0,而任一长度为 5 的子串的数字之和小于 0.数字串肯定是有限长的,实际上它的长度应该小于 40,否则你可以把前 40 个数据视为五个长度为 8 的子串中数字之和(正数),又可视为八个长度为 5 的子串中的数字和(负数),岂非出尔反尔,自相矛盾?

让我们更一般地着手处理该谜题.设 $f(x,y)$ 是最长的数字串之长度,其中任一 x 子串有着正数的和,而任一 y 子串有着负数的和;不妨假定 $x>y$,如果 x 是 y 的一个倍数,那么 $f(x,y)=x-1$ 对于 x 子串,我们必须接受空洞的真理[①].

---

① 原文如此,其意思是指,既然最大长度 $f(x,y)=x-1$,哪里还会有 x 子串可言? ——译者注

若 $y=2$,而 x 为奇数,情况又会怎样呢?这时数字串的长度将是 x 本身,其中各项为 $x-1$ 与 $-x$ 来回交替,然而你将不可能拥有 $x+1$ 个数,因为在每个 x 子串中,奇数项必为正数(因为你可用长度为 2 的子串来覆盖它,剩下奇数项).把两个 x 子串放在一起时将意味着中间的两个数必都为正数,由此引出矛盾.

更一般地利用这种推理将使 $f(x,y)$ 逐渐显山露水.当 x、y 互素,即它们之间除 1 之外没有别的公因子时,$f(x,y) \leqslant x+y-2$,我们可以用下面的归纳法证明这一点.先假定对立命题为真,我们有一个满足给定条件,长度为 $x+y-1$ 的数字串.把 $x=ay+b$ 写下来,此处 $0<b<y$,并考察数字序列的最后 $y+b-1$ 个数.注意到其中的任意 b 个都可以表示为整个数字串除掉一个 y 子串后的 x 子串,从而使其和为正数.另一方面,最后的 $y+b-1$ 可表示为 $a+1$ 个 y 子串拿掉一个 x 子串,因而其和为负数.随之而得 $f(b,y-b) \geqslant y+b-1$,但由于 b 与 $y-b$ 互素,它将同我们的归纳法假定发生抵触.

为了证明当 x、y 互素时,$f(x,y)$ 实际上等于 $x+y-2$,我们要构造一个数字串,使之具有所需的更多性质:它将只有两个不同的值,不论对 x 还是对 y 都有周期性.设两个不同值为 u 与 v,并想象它们在开始时可以任意指定其值,如同数字串的首项那样.

然后反复指定其值,直到数字串结束,指定值的时候应迫使数字串对 y 有周期性.为了对 x 也有周期性,我们只需保证最后的 $y-2$ 项同最前面的 $y-2$ 项完全一样,这就要求在我们所作的 y 个原始选择中,必须满足 $y-2$ 个等式.由于没有足够的等式迫使所有的选择都一样,我们于是可以保证至少存在着一个 u 与一个 v.

譬如说，令 $x=8$，$y=5$．设数字串的最前面五项是 $c_1, c_2, \cdots,$ c_5，从而数字串本身将是 $c_1c_2c_3c_4c_5c_1c_2c_3c_4c_5c_1$，为了具有 8 项的周期性，必然要有 $c_4=c_1$，$c_5=c_2$，$c_1=c_3$，就是说，我们应选取 $c_1=c_3=c_4=u$，而 $c_2=c_5=v$，于是整个数列便是 $uvuuvuvuuvu$．

回过头去看一般的 x 与 y，我们注意到一个对 x 具有周期性的数字串必将自动地具有以下性质：任一 x 子串都有同样的和数，这是由于在你一步步地挪移子串时，在一头捡起来的项与另一头失落的项是全然一样的．当然这也适用于 y 子串，如果数字串对 y 有周期性的话．

设 S_x 为 x 子串的和，S_y 为 y 子串的和，我们可以断言：$\dfrac{S_x}{x} \neq \dfrac{S_y}{y}$．理由如下：设每一个 x 子串有 p 个 u，每一个 y 子串有 q 个 u[①]，那么 $\dfrac{S_x}{x}=\dfrac{S_y}{y}$ 将意味着 $y[pu+(x-p)v]=x[qu+(y-q)v]$，而这又可化简为 $yp=xq$．然而，由于 x、y 互素，对 $0<p<x$，$0<y<q$，不可能发生这种事情．

这就表明，我们可以调整 u、v，使 S_x 为正，S_y 为负．譬如说，就上述例子而言，每一个 8 子串中含有 5 个 u 和 3 个 v，而每一个 5 子串中将含有 3 个 u 和 2 个 v．如取 $u=5$，$v=8$，我们将得出 $S_x=1$，$S_y=-1$．因而满足原问题要求的最后数字串便是 $5, -8, 5,$ $5, -8, 5, -8, 5, 5, -8, 5$． ♥

勤奋的读者将不会感到有多大困难，他们可以把上述结论推广到 x 与 y 有最大公约数（它不等于 1）$\gcd(x, y)$ 的情形，其结

---

① 原文在此为 q 个 v，实际上应为 q 个 u．——译者注

果是:

$$f(x,y)=x+y-1-\gcd(x,y).$$

辞典里的第一个奇数

这个问题其实不难,仅仅是仔细与系统地考察数词的文字描述问题.在个位数中,辞典里最早出现的当然是"eight"(8),而接在它后面的,最早出现的、可用的单词("eight"的后缀词)为"billion"(10亿).由于我们的数目必然从个位数开始描述,因此它只能从"eight billion"(八十亿)开始.沿着这条思路进行下去,最终便能得出问题的答数 8 018 018 885,也就是"eight billion, eighteen million, eighteen thousand, eight hundred eighty-five".

♥

这道谜题有点"憨",它同宾夕法尼亚大学哈勃 • 惠尔夫(Herb Wilf)问我的问题有些瓜葛,当时他问道:辞典里的第一个素数是什么? 一般认为,此题来自美国斯坦福大学的计算机大师唐纳德 • 克努特(Donald Knuth),如按上文推理,并继而用计算机加以复查验算,将把你引到答数 8 018 018 881.

第 *3* 章

组 合 学

谬误有着无穷多种组合,但真理则独此一家.

——让-雅克·卢梭(Jean-Jacques Rousseau)[①]

"有多少种方法导致……",以这样的口气开始的谜题几乎都是组合性质的,但反之不真.组合学的思考方法在下列谜题(不偏不倚,相当折中主义的)以及本书其他谜题中都显得十分重要.

不过,我们所举出的第一个实际问题的确吻合传统模式,而且应用了最基本的组合学技巧:把可供选取的各个数字统统相乘起来.

数字排序

把从 0 至 9 的十个数字写成一行,除了最左一数之外,其他数字与其左邻的差数只能在 1 以内.试问:满足条件的数共有多

---

① 让-雅克·卢梭(1712—1778),法国哲学家、启蒙思想家.——译者注

少个?

解答 表面看来,此题似乎与"将可供选择数相乘"[①]有点格格不入,因为选择数取决于前面的选择.譬如说,最左的数字有十种选择可能,但如果选定了"3",那么下一个数字就只有两种可能;若开始时选定"0"或"9",则仅有一种选择可能了.如果你知道怎样去求二项式系数之和,那么你无疑也可用它来分析求解这个问题.但还有一个更好的方法.

注意到这串数字必然以"0"或"9"结尾,因而当我们从右至左地移动时,我们永远只能两中取一(在没有用过的数字中选取最大或最小者),直到左端的尽头为止,这时,两种选择已不分彼此,合二为一了.

由此可见,在九次机会中,每次都有两项选择,于是,总数便是 $2^9 = 512$. ♥

[本题出处:20 世纪 60 年代的一道普特南试题.在所罗门·果隆姆(Sol Golomb)所写的一篇论文中可以找到许多种解法,见1985 年某期的《数学杂志》.]

其他解法就要看你的了.不妨给一点提示:要睁大眼睛,注意抽屉原理的更多应用.

子集的子集

试证明:在由 1 与 100 之间十个不同数目形成的任一集合中,必定含有同一和数的两个不相交的非空子集.

---

① 我国出版的教材与书刊上,一般称为"乘法原理".——译者注

居心不良的餐厅总管

在一次数学家的宴会上,不太懂礼节的 48 位男性数学家被安排到一张大圆桌上就座.在桌子上,每一对餐具之间放着一只咖啡杯子,其中有一块餐巾.餐厅总管招呼每位宾客入席后,客人们就在他的左侧或右侧拿取一块餐巾;如果左、右两侧都有餐巾的话,那么他可以随便取一块(但餐厅主管不知道客人究竟取了哪一块).

请问:居心不良的总管应该作出怎样的安排,使在意料之中的、拿不到餐巾的数学家尽可能为数最多?

宴会上的握手

密克与琴妮同另外四对夫妻一起参加了午餐会.每个人都同他或她以前不相识的人①热烈握手.事后,密克作了个调查,他发现其他九人中,每个人同别人的握手次数都不相等.

试问:琴妮同多少人握过手?

---

① 为了避免混淆起见,要补充注释:自己同自己不握手,夫妻之间也不握手.——译者注

三个人的选举僵局

阿希福特、巴克斯特、坎贝尔激烈竞争,角逐协会的秘书一职,结果,三人票数相等,不分胜负.为了打破僵局,他们要求投票人投出自己的第二选择,但结果还是三人之间的"恐怖平衡".于是阿希福特提出,鉴于投票人数为奇数,他们可以先两中取一,在巴克斯特与坎贝尔中选出一人,再由这位获胜者同阿希福特一决雌雄.

但是巴克斯特不赞成,他抱怨说,这种做法不公平,它将使阿希福特比其他两名候选人中的任一人获得更多的获胜机会.

请问:巴克斯特说对了吗?

国王的薪金

一场革命以后,某国的 66 位公民,包括国王在内,每人只有一元钱的薪金.国王不再拥有选举权,但他还保留着若干权力.譬如说,可以对调整薪金提出建议.每个人的薪金必须是一个整数,薪金总和一定要等于 66 元.调整薪金的每个建议都要通过投票来进行表决,如果赞成票比反对票多,那么就可以通过.对每个投票人的举措可以作如下指望:如果加薪,他会投赞成票,倘若减薪,会投反对票;在其他情况下,他对投票漠不关心,根本不来投票.

这位国王不但自私,而且极为狡猾.试问:他能为自己争取到最大的薪金是多少元? 需要多长时间才能取得?

一个蹩脚的时钟

有这样一个钟,它的时针与分针外表一模一样,简直无法分辨.试问:一天中有多少时刻,从这个钟不能确定正确的时间?

不可思议的纸牌魔术

戴维和多萝西设计出一则奇妙的纸牌游戏.在戴维转过头去看别的事物时,有位陌生人从一手桥牌中取出了五张,把它们交给多萝西;她把它们全部过目了一遍,然后从中抽出一张,并把其余的牌递给戴维;后者亮出绝招,正确地猜对了被抽出的那张牌.

请问:他们是怎样操作的? 他们能加以利用又能正确地表演戏法的最大的一手牌是什么?

旅行推销员

在俄罗斯的任意两座主要城市之间有着固定不变的机票价格.有位旅行推销员阿历克赛·弗鲁格尔从 A 城市启程,打算遍历各大城市,每次都选一条机票最便宜的航线前往尚未到过的一地,只要游遍各处,不必重回 A 城市.另一位推销员鲍利斯·拉维希也想走遍各大城市,他从 B 城市出发,但他奉行的方针则是:每次飞行都选一条机票价格最贵的航线.

请证明:拉维希的开销至少同弗鲁格尔一样.

赌输骰子

同时掷六颗骰子的话,面上出现的不同点数当然是从 1 到 6 啰.假定场子里收付赌金的家伙每分钟都要掷一次骰子,而你每次下注 1 美元,认定出现的不同点数不多不少,正好是四种.

如果开始时你手上有 10 美元本钱,成败机会均等,并不特别走运或特别倒霉,试问:你把本钱输光,大致需要经历多长时间?

<h1 style="text-align:center">解 答 与 注 释</h1>

子集的子集

本题主要参照 1972 年国际数学奥林匹克竞赛的一道题目.解决它的窍门是,先不管不相交的条件,只考虑子集的个数.由 10 个数目形成的子集 S,当然拥有 $2^{10}-1=1\,023$ 个非空子集啰,它们能不能都具有不同的和数呢? 在 1 与 100 之间十个数目的最大和数应为 $100+99+\cdots+91<1\,000$,最小和数当然是 1,于是根据抽屉原理,必然存在着两个不同的子集 $A\subset S,B\subset S$,它们具有相同的和数.

当然,A 与 B 不一定不相交,即使相交也不要紧,可以把它们的公共元素开除出去;于是 $A\backslash B$(属于 A 而不属于 B 的元素所组成的集合)、$B\backslash A$ 肯定是不相交的,但仍然具有相同的和数. ♥

居心不良的餐厅总管

这个谜题可以追溯到一桩特殊事件.2001 年 3 月 30 日,普林斯顿大学的数学家约翰·康威前往贝尔实验室参加一个一般性研究的学术讨论会.在就餐时,本书作者发现他坐在康威与计算机科学家劳柏·派爱克(Rob Pike)之间,餐巾与咖啡杯的放法就像上文所说的那样.康威问大家,如果就餐者随便入座,将有多少人拿不到餐巾(请参阅第 11 章)? 派爱克接着说:"这问题太难,有一个比较简易的问题:在最坏的情况下,会有多少人拿不到?"

如果在安排每位就餐者入座时,总管能看到哪一块餐巾被抓取(此种情况下,计算机理论家将称之为"会随机应变的对手"),那就不难看出他的最佳策略如下.譬如说,如果第一名就餐者抓取了他右侧的餐巾,那么总管就让下一人坐到他右侧的第二个空位上去.这样就可使坐在中间的人陷入困境.倘若第二名就餐者取的也是右面的餐巾,那么总管可以在右侧继续跳过一位来安排座位.倘若第二名就餐者取的是他左手一侧的餐巾(从而留出一个空位,使坐在他与第一名就餐者中间的这个人拿不到餐巾),那么就直接安排第三人坐在第二人的右侧.以下各名就餐者都照类似的安排行事,直到圆台旁坐满了宾客为止.结果是,平均说来,大约有 $\frac{1}{6}$ 的就餐者拿不到餐巾.

但如果像上文所说,总管不具有见机行事的能力,那事情就如派爱克同我的推断,最佳策略应该是先把偶数号的位置坐满,再坐奇数席位.每一个坐在奇数号位置的就餐者将有 $\frac{1}{4}$ 的概率拿不到餐巾,大约占总人数的 $\frac{1}{8}$(平均说来,大抵是 48 人中有 6 人拿不到).

上面的解法好像有道理,但仔细一想就会看出,总管的最优策略是,先坐满用 4 去除时余数为 0 的位子,然后是奇数号座位,

最后才轮到用 4 除余 2 的位子.一般说来,这将使 $\dfrac{9}{64}$ 的就餐者,或

48 中的 $6\dfrac{3}{4}$ 出洋相.为了看出这一点,我们将左右座位上暂时都

还空着的就餐者称作"孤独无伴者".假定让所有的孤独无伴者先

入席,请大家注意,在每一对相继的孤独无伴者之间,至多只有一

人是拿不到餐巾的.

假定两位相继的孤独无伴者所坐的位子距离为 d[说得更确

切一些,即两人之间有 $(d-1)$ 个空位],这些空位将先后被两头过

来的食客坐满;若最后一名就座者与右边的孤独无伴者距离为 a,

与左边的孤独无伴者距离为 b,而 $a+b=d$.这人的右侧餐巾将被

取走,除非他右侧的孤独无伴者以及所有坐在中间的就餐者取的

都是左侧餐巾,而发生这种事件的概率为 $\dfrac{1}{2^a}$.因此,窘态毕露的就

餐者拿不到餐巾的概率将是

$$(1-2^{-a})(1-2^{-b})=1+2^{-d}-2^{-a}-2^{-b}.$$

当 a 与 b 相等或两者之差为 1 时,上述概率取最小值.

如果孤独无伴者们都按距离 d 分别坐开,而总的就餐人数 n

是 d 的倍数,那么可以预期,d 个人中必有一人取不到餐巾,因

而,出洋相的就餐者的期望值将是

$$\left(\dfrac{n}{d}\right)(1-2^{-\lfloor\frac{d}{2}\rfloor})(1-2^{-\lceil\frac{d}{2}\rceil}).$$

不难看出,它并不在 $d=2$ 时取最大值,即等于 $\dfrac{n}{8}$,而是在 d

$=4$ 时才取最大值,即相当于 $\dfrac{9n}{64}$. ♥

宴会上的握手

这个谜题的故事情节有些陈旧,初看上去,题目所提供的信息量根本不够:人们凭什么去推断琴妮的所作所为呢?令人匪夷所思的是,琴妮竟是题目中没有列入统计数字中去的那个人的老婆.

由于每个人至多只能同其他八人握手,被密克接受的九个答案只能是 $0,1,2,\cdots,8$.握手 0 与 8 次的两个人(不妨设他们为 A 与 B)必然是一对夫妻,如果不是那样,那么他们之间的相互握手必将损及上述两数之一.现在我们进而考察握手 1 次与 7 次的另外两个人 C 与 D,由于 C 必须同 B 握手,而 D 不能同 A 握手,于是可重复上述推理,从而得出结论:C 与 D 也应该是一对夫妻.

同理可知,2 与 6,3 与 5 也应该是夫妻.于是就留下了密克与琴妮,他们都曾与握手次数较多的人握过手,所以他们两人每人各握了 4 次手.

如果你看不懂上述证明,但能猜到正确答数是 4,那么你的直觉能力还是挺不错的.事实上,倘若存在唯一解(设为 x)的话,则由对称性,x 非等于 4 不可.设在某些情况下,配偶之间也可以握手,而密克向每个人发问,他们同多少人没有握过手,那么答案必然是琴妮曾握过 $x+1$ 次手.现在把握手与不握手的角色加以对调,将能得出 $x+(x+1)=9$,结果仍然是 $x=4$.

作为一道好的谜题,即便不能尽如人意,也算不错了.马丁·加德纳在《科学美国人》杂志(*Scientific American*)上脍炙人口的"数学游戏"专栏里曾经提及一个谜题:如果在球心打出一个高为 6 英寸的洞,剩下部分的体积还有多少?

看来,似乎必须知道洞孔或原先的球的直径才能解出本题,但实际情况不然.球越大,洞的宽度也应该越大,才能使洞的高度为 6 英寸.实际计算表明,剩余部分(形状有点像餐巾纸的环状立体)的体积在所有情况下都是一样的[①].

如果你对趣题提出者的威望深信不疑,那么连计算都大可不必.不论有没有洞,答数都一样,从而一下子就得出答数,$\frac{4}{3}\pi \cdot 3^3 = 36\pi$ 立方英寸.

三个人的选举僵局

巴克斯特是说对了的,实际上,他低估了情况,假定没有一个投票人改变主意,那么阿希福特肯定能胜出! 为了看清这一点,设想阿希福特的支持者宁愿选巴克斯特而不选坎贝尔(从而在建议进行的两人取一中,巴克斯特将击败坎贝尔).这样一来,(根据第二选择仍然平票这一事实)巴克斯特的支持者的第二选择是坎贝尔而不是阿希福特(否则坎贝尔在第二选择投票中的得票数将少于 $\frac{1}{3}$),同样,坎贝尔的支持者的第二选择是阿希福特而不选巴克斯特.于是,在最后的对决中,阿希福特将(凭借坎贝尔的支持者)击败巴克斯特.

如果换一种可能,阿希福特的支持者宁愿选坎贝尔而不是巴克斯特,那么由论证的对称性可知,阿希福特在最后还是会击败坎贝尔的.　　　　　　　　　　　　　　　　　　　　♥

此题为数学家埃赫德·弗里哥特(Ehud Friedgut)所拟,用于

[①] 本书译者早已改写为"行星凿洞"问题,欲知其详,请看《登上智力快车》一书,中国少年儿童出版社,2004 年 5 月第一版,2005 年 8 月第三次印刷.——译者注

课堂教学目的.它提醒人们,对某些打破僵局者而言,也许背后大有文章!

国王的薪金

这一妙题的设计者是林雪平大学的约罕·威斯特伦(Johan Wästlund),部分历史背景同瑞典王国有关.本题有两个关键性的因素:(1) 为了使图谋得以启动,国王必须暂时主动放弃自己的薪金;(2) 每一轮都得使拿薪金的公民人数不断减少.

开始时,国王提出建议,把33位公民的薪金翻一番,增加为每人2元,其代价是牺牲另外33人的利益,把他们的薪金削减为0!(包括国王本人在内)下一次,他建议对33位领薪投票人中的17人增加薪金(加到3元或4元),而把其余16人的薪金减少到0.接着,在随后的几轮中,把领薪投票者的人数先后减少为9、5、3、2人.最后,国王用每人区区1元的薪金来贿赂三个囊空如洗的穷光蛋,教唆他们投赞成票,从而把两笔很大的薪金转移到他自己名下,从而最后使国王的薪金达到63元.

不难看出,在每一轮,领薪投票者的人数要略为大于上一轮人数的一半.国王永远做不到只有一名领薪投票人.因而,他能拿到的薪金不可能比63元更多,上面所说的情况必须经过前后六轮才能达到目的,这就是最优解了. ♥

一般地说,如果原来的公民数为 n,那么国王必须经历 k 轮之后才能使自己拿到 $n-3$ 元,这里的 k 是大于或等于 $\log_2(n-2)$ 的最小整数.

一个蹩脚的时钟

这个趣题的提出者是安迪·拉托(Andy Latto),一位波士顿辖区的软件工程师,时间是在以马丁·加德纳的名义召开的第四届全球趣味数学大会期间,地点在美国亚特兰大市①.本题有代数或几何证法,但要有足够的耐心与谨慎.但还存在着一个不可抗拒的、无需纸笔的证法,由迈克尔·拉森(Michael Larsen)提供给安迪,其人是印第安纳大学的一位数学教授.至于第三根针(不是秒针!)的思想,则是由戴维·盖尔(David Gale)提供给我的.

让我们首先注意到,要使问题有意义,必须假定钟的指针是在作连续的匀速运动的,而且我们并不需要知道时间是在上午还是下午.请注意,只要两针重合,即便我们不能分辨时针与分针,我们依然能够说出正确的时间,在一天一夜里两针重合 22 次,这是由于分针要转 24 圈,而在同一方向,时针只转 2 圈.

上述推理为证明提供了很好的准备.设想我们在钟面上再添加一根"快针",它从半夜 12 点钟开始,速度正好等于分针的12 倍.

现在我们断言,时针与快针重合时,时针与分针就处在模棱两可的状态.为什么? 因为在此以后,分针走到 12 倍远的地方时,它肯定就是快针(当然也是时针)目前走到之处,那时时针所在的位置便是目前分针所到之处.反之,根据同样的推理可知,所有模棱两可的状态正是时针与快针重合之时.

因此,我们只要去计算一下,在一天之内这样的重合要发生

---

① 大会组织者曾邀本书译者之一赴美参加,因故改由北京余俊雄先生、上海方不圆先生前去参加盛会.——译者注

几次.显然,在一天一夜里,快针要转 $12^2 \times 2 = 288$ 圈,而时针只转过 2 圈,所以重合要发生 286 次.

其中有 22 次是时针与分针重合的(从而三针全都重合),剩下 264 个时刻无法分辨. ♥

不可思议的纸牌魔术

这一纸牌游戏的发明人,一般归功于数学家威廉·菲奇·切尼(William Fitch Cheney),欲知更多信息的读者请查阅迈克尔·克来勃(Michael Kleber)在《数学情报》杂志(*Mathematical Intelligencer*)第 24 卷第 1 期(2002 年冬季号——该杂志为季刊,每季出一期)上所写的文章,也可以参阅美国数学会主办的《数学地平线》杂志(*Math Horizons*)2003 年上的一篇论文,文中讨论了魔术的各种变化.

多萝西仅仅通过她递给戴维的四张牌的先后顺序来暗通消息,这是本游戏的精髓! 当然,四张牌的排列仅有 $4! = 24$ 种,从而使安插第五张牌似乎有着 48 种可能性.但关键是多萝西必须迅速作出决定:在原来的五张牌中,她究竟应该抽取哪一张.

就我所知,表演这种魔术的最简单办法是:多萝西抽出的牌,应该取自至少出现两张牌的那种花色.(请注意:抽屉原理又在这里出场了!)不妨假定牌的花色为黑桃,两张牌为 x 与 y(把扑克牌的点数视为数目,其中,A 为 1,K 为 13,把模定为 13).从一个或另一个方向,各张牌的点数之差,至多不过是 6;让我们假定 x 是张较大的牌,而 $x - y \in \{1, 2, 3, 4, 5, 6\} \bmod 13$.例如,我们有两张牌:$x = 3 \equiv 16$,而 $y = 12$(黑桃"皇后"),从而有 $x - y \equiv 4$.

多萝西现在把 x 抽出来,而把 y 置于剩下四张牌之首,并将其余三张牌进行巧妙的排序,其实质是对差数 $x-y$ 进行某种编码.譬如说,设想戴维与多萝西事先已商定,一副扑克牌中各张牌的自然顺序为♣A,♣2,…,♣K,◇A,◇2,…,◇K,♡A,♡2,…,♡K,♠A,♠2,…,♠K,如果三张其他纸牌按递增顺序排列(如♣5,♣J,◇3),那么暗指 $x-y=1$;把这种排法称为123顺序.我们规定 $x-y=2$ 与132对应,$x-y=3$ 与213对应,$x-y=4$ 与231对应,$x-y=5$ 与312对应,而 $x-y=6$ 与321对应.

为了使魔术表演顺利过关,事先当然要稍加练习,以便使演出效果出奇的好.

请注意上述设计是相当宽松的,如果交给多萝西的五张牌中,其花色少于四种,那么她将至少有两种选择来决定她所要抽取的牌.人们自然要发问:一副牌的张数,究竟可以扩大到什么程度,而仍然能表演这种出色的魔术?事实上,124张牌是最大值,不能再多了.

为了说清楚你不能干得较此更好,设想纸牌已编好号,从1到 n.现在来考虑有序四元组 (u,v,y,z) 的函数 f,戴维只要看一看这个四元组,就可推算出第五张牌 x.为了表演好魔术,对 $\{1,2,\cdots,n\}$ 中任意五个数的集合 S,多萝西必须都能找到一个四元组 (u,v,y,z),使关系式 $S=\{u,v,y,z,f(u,v,y,z)\}$ 得到满足.因而,四元组的总数至少应该等于有五个成员的集合总数,即

$$n(n-1)(n-2)(n-3)\geqslant\binom{n}{5},$$

这意味着 $n-4\leqslant5!$,即 $n\leqslant124$[①].

———————————

① 原文在此为 $n-4\geqslant5!$,$n\geqslant124$,实际上应为 $n-4\leqslant5!$,$n\leqslant124$.——译者注

令人惊讶的是,用编号 $1,2,\cdots,124$ 的纸牌来表演魔术是十分容易的.以下便是埃尔温·伯莱坎普教我的办法.设想所选的纸牌为 $c_1<c_2<\cdots<c_5$;多萝西抽出的纸牌是 c_j,其中下标 j 是所有五张纸牌编号之和以 5 为模的余数.再看其余四张牌,其和为 S(模 5).戴维只要找到一个数 x,使其满足同余式

$$x\equiv-S+k\mod 5,$$

于是 x 便是 c_k.

换句话说,要么 x 小于戴维所有的任何一张纸牌,并满足 $x\equiv-S+1\mod 5$,要么 x 大于最小的一张牌,而小于次小的,并满足关系式 $x\equiv-S+2\mod 5$,等等.但这等于是说,$x\equiv-S+1$ $\mod 5$ 是要把剩下的 120 张牌重新从 1 到 120 来编号,以弥合戴维取走的四张牌所留下的缺口.

由于 $\dfrac{120}{5}=24=4!$,从 1 到 120 的各数都有一个以 5 为模的值.所以我们只要把戴维的四张牌重新进行排列,便可把所有 x 的可能值进行理想的编码. ♥

旅行推销员

此题选自 1977 年在塔林[①]举办的第十一届全苏联数学竞赛,相当令人头痛.显然,拉维希的开销,至少同弗鲁格尔一样多! 但是,怎样去证明呢?

看来,最好的办法是去证明,对任一 k 值,拉维希的第 k 次最便宜的飞行(称之为 f)至少同弗鲁格尔的第 k 次最便宜飞行花

的钱一样多.看来它比所要求的命题更强些,但它实际上不是如此;如果存在着一个反例,我们可以调整运价,但不改变它们的顺序,以便使拉维希所支付的钱比弗鲁格尔来得少.

方便起见,设想拉维希结束其环游时所取的是自西而东的顺序.若 F 是拉维希的 k 个最便宜飞行的集合,X 为这些航行的出发城市,Y 为抵达城市.请注意 X 与 Y 可能有重叠现象.

当其费用不大于 f 时,称一次飞行是"便宜"的,我们需要证明弗鲁格尔至少走了 k 次便宜飞行.请注意,每一座从 X 中的城市向东飞的航行是便宜的,否则它将被拉维希利用以取代他在 F 中实际所飞的便宜航班.

如果弗鲁格尔在一次便宜飞行中离开了它,我们把一座城市称作"好"的,否则就把这座城市称为是"坏"的.如果 X 中所有的城市都是"好"的,那么我们就已经把事情办好;弗鲁格尔由这些城市出发,即构成了 k 次廉价飞行.否则,可设 x 为 X 中位于最西面的"坏"城市;于是当弗鲁格尔到达 x 时,他已经到过 x 东面的每一座城市,否则弗鲁格尔将能以低廉的代价自 x 离去.然而那样的话,则弗鲁格尔曾到过的每一座在 x 东面的城市,都有便宜航班可以利用而到达 x,因此它们统统都是"好"的.特别是,所有在 Y 中的位于 x 东面的城市都是"好"的,位于 x 的西面而在 X 中的一切城市也是这样,两者合起来看,就有 k 座"好"的城市. ♥

在此,笔者要向贝尔实验室的布鲁斯·谢菲德(Bruce Shepherd)道谢,是他帮助我想出了上述解法.但我们不知道出题者的解法是什么样子.

赌输骰子

当然,这是在开玩笑.一般地说,它要经历无限长的时间才能使你把本钱输光——换句话说,这种赌博是对你有利的! 若干年前,我在埃穆利大学讲授初等概率论,在为学生布置家庭作业时注意到了这个违反直觉的事例.

掷骰子时有 $6^6 = 46\ 656$ 种情况.如果面上出现四个不同的数目,你需要注意模式 $AABBCD$ 或 $AAABCD$.

对于前一种模式,它共有

$$\frac{\binom{6}{2}\binom{4}{2}}{2} = 45$$

种变化形式,即为数相等的标号按字母排列,如 $AABBCD$、$ABABCD$、$ACDABB$,但不算 $BBAACD$ 或 $AABBDC$.

而对于后一种模式,则共有 $\binom{6}{3} = 20$ 种变化.无论哪一种情况,都有着总数为 $360 \times 65 = 23\ 400$ 种给字母赋值的办法,因此总数有 $360 \times 65 = 23\ 400$ 种.因而,获胜的概率将是 $\frac{23\ 400}{46\ 656} = 50.154\ 321\%$.♥

倘若你在这种游戏中捞到了一点好处,可别忘了在你赢得的利润中分给我 5%,让我尝到一点甜头,请通过 A K Peters 出版商向我转交.

第  章

概　率

人类头脑由漫长进化而来,原是为了在非洲大草原的小片绿地上搜集粮草……责怪我们的头脑在各种机遇游戏面前苍白无力,就像是在抱怨我们的手腕设计得非常笨拙而无法摆脱手铐的桎梏那样……

——史蒂芬·平克(Steven Pinker,1954—　　)
《头脑如何运作》(*How the Mind Works*)

概率同我们天天在一起.它是研究统计学的基础,而统计在现代社会里对决策起着重大作用.但是,在概率论的历史发展中,它与各种机会游戏以及你们将在这里看到的一些理想实验大有联系.

概率谜题极有可能违背直觉,请看看下面的像煞有理的问题吧.

水枪游戏

一个房间里站立着 n 个手拿水枪的人.每次乐音铿锵、时钟报

时,人人便立即快速旋转,向任意选定的另一人发射水枪.被击中者视为淘汰,离开房间,剩下的人等待下一次乐音齐奏时再次发射水枪,这样的过程不断重复,直到所有的人全部淘汰,或者只剩下最后一人留在房间里.

试问:n 增大时,存在最后一人留在房间里的极限概率等于多少?

解答 令人惊讶的是,这种概率不趋向于一个极限;n 增大时,概率值将起一些微妙的变化,但最终无情地取决于 n 的自然对数的小数部分.[有关结果请参阅普罗丁吉尔(H. Prodinger)的 "How to Select a Loser" 一文,见《离散数学》杂志(*Discrete Math*)第 120 卷(1993)第 149~159 页.]

我们的实际问题是诚实无欺的,但同著名的"蒙特霍尔问题"(Monty Hall Problem,详见下文)关系密切,后者十几年前曾激发起一场热烈讨论与学术争议.

硬币的另一面

口袋里有三枚硬币,两面全正面,两面全反面与一面正面、一面反面各一枚.今从袋中随便取出一枚来抛掷.掷出的是"正面".求这枚硬币的另一面也是正面的概率.

解答 取出的这枚硬币显然是普通的(一正一反)或者两个正面的,因此,它的另一面或正或反,有着同样的可能性.这样的想法对不对呢?

错了.你可以这样来构思:如果硬币是一正一反的普通硬币,那么它有可能掷出"反面",但两面全是正面的硬币是根本没有选择余地的.因此,存在着一个有利于两面都是正面的假定.这就是桥牌玩家们很熟悉的(一个世纪前的惠斯特[①]玩家们也很熟悉)概念——"受限制的选择原理".

为了解释得更明白些,设想把硬币连续抛掷十次,每一次都掷出正面.即便是这样的结果,那枚硬币仍有可能是一正一反的普通货,但我们一定会猜它是两面都是正面的打造品.即便只抛掷一次,也会有这种推测.

还有一种直截了当的办法来计算各种可能性的大小,设想三枚硬币的六个面上都注明了标号:两面都正的硬币是 H_1、H_2,两面全反的硬币是 T_1、T_2,一正一反的普通硬币是 H_3、T_3.从口袋里取出一枚硬币并在空中抛掷,六面都有同样的可能出现.而在掷出的三次正面中,H_1 与 H_2 的另一面也是正面,所以,要求的概率等于 $\dfrac{2}{3}$.   ♥

来历无人知晓.我在斯坦福大学与埃穆利大学讲授初等概率论时常用它来做实验.

"蒙特霍尔问题"渊源于电视节目"让我们做一笔交易"(Let's Make a Deal).节目中,有几名参赛者被问道,他们想不想选取三扇门中的一扇,以获得一件贵重礼物.节目主持人蒙特·霍尔(Monty Hall)明知礼物放在哪里,却去打开另一扇门,当然是空空如也啰!接着,再给参赛者一次选择的机会:要么仍然坚持原先的选择,要么另选一扇门.早在青少年时代我就常常观看这档节目,并注意到向参赛者狂呼"坚持原来的"或"换一扇门"的观众人

---

① 惠斯特(Whist)是四人玩的一种牌戏,为桥牌的前身.——译者注

数几乎是一半对一半.

当然,正确的解答是:参赛者应该换一扇门.如果本游戏玩 300 次的话,那么原来选的那扇门背后有礼物的约为 100 次,而另外 200 次却是换选一扇门的人赢了.

如果你对以上这些例子都已了如指掌,那也不必失望.下面还有一些谜题可以测试你的概率直觉与自信心.

丢失登机牌

一百名乘客排着队准备登上一架飞机.第一人发现他不慎遗失了登机牌,只好随便就座.随后的每位旅客一般都能对号入座,除非他或她发现位置上已经坐了别人,那就只好任取一个空位置坐下来.

试求最后一名旅客登机时,发现他的位置上已经坐了别人的概率.

掷出一切不同点数

平均说来,你在掷一颗骰子时,需要多少次才能出现六个不同的点数?

掷出一连串的正面

平均说来,抛掷一枚硬币,使它出现一系列奇数次正面后再出现一次背面,需要多少次?

三颗骰子

你有一个机会在 1 与 6 之间选定一个数目,为它下赌注 1 美元.然后掷三颗骰子,如果你的数目不出现,那就输掉了赌注 1 美元.但若该数出现一次,你可赢得 1 美元;出现两次,赢 2 美元;出现三次,赢 3 美元.

这种赌法对你是有利还是不利,或者无分轩轾?是否存在一种方法,不需要任何计算就能加以判定?

有磁性的硬币

要把一百万枚有磁性的硬币"苏珊"(苏珊·安东尼一美元硬币)按以下方式丢进两个钱罐中去.开始时,每个钱罐里各有一枚硬币.接着,把余下的硬币一枚枚地在空中抛掷.倘若一个钱罐里有 x 枚,另一个钱罐里有 y 枚,则磁性将使下一枚硬币落入第一个罐子的概率为 $\dfrac{x}{x+y}$,落入第二个罐子的概率为 $\dfrac{y}{x+y}$.

如果你愿意打赌,押那个最终硬币数较少的钱罐,那么你愿意预先支付多少钱?

茫然喊价,一锤定音

就你所知,一件机械小工具对其持有人的价值在 0 与 100 美元之间,是一个均匀分布的随机数.现在你有一次机会,可以在拍卖时叫价,还有一点,你对这件小工具的操作能力比它的原主人更高明一些,因而它对你的价值比对他还要高出 80%.

如果你的叫价大于它对原主人的价值,那么他是愿意出售的.但你只能叫一次.试问:你应当出多少钱?

任意划定区间

数轴上有一千个点:1,2,3,…,1 000.把任意两点配成一对,即可划定 500 个区间(见下图).如果有一个区间能同所有其他区间都相交,试求其概率.

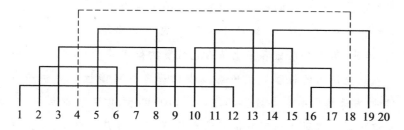

解答与注释

丢失登机牌

我们只需要注意到,第 100 名乘客最后登机时,留下的位置要么就是指定给他(或她)的,要么是指派给第一位旅客的.其他所有的座位已被合法的持票人或其他先下手者坐上了.

由于在任一阶段,这两个位置中的一个都不比另一个更优越,因此,第 100 名旅客坐上他自己位置的概率等于 50%.   ♥

这里所用的推理同双骰游戏中计算各种可能性的办法是一样的.当你掷出一个点数(4,5,6,8,9,10)以后,你可以继续掷,直至掷出 7 点或再次出现所掷得的点数.为了计算获胜概率(掷得点数),不妨假定下一次掷得的是最后一个点数,并据此计算.譬如说,如果你的点数是 5,那么你在 10 次中可赢 4 次(有 4 种方法可掷出 5 点,6 种方法可掷出 7 点).而在丢失登机牌的问题中,前 99 名乘客之一总是会找到 P_1 或 P_{100} 的座位,两者出现的机会是等可能的.

本题来自口授.我是在以马丁·加德纳的名义召开的第五届世界趣味数学大会(又称"加德纳集会")上听到这道题目的,安德·霍尔罗伊德（Ander Holroyd）提供了大家在此处所看到的叙述形式.

掷出一切不同点数

这个经典谜题说明例证了两个重要原理：平均等待时间与数学期望的相加.设想你在不断重复一个成功概率为 p 的试验；现在要问你，平均说来，需要等待多少时间才能获得成功？可以计算下列和数

$$\sum_{n=1}^{\infty} n(1-p)^{n-1}p = \frac{1}{p}.$$

但从直觉的观点来说，这种做法并不令人十分满意.更好的办法是设想将试验重复 n 次，而 n 取得很大，以致其成功率可以如你所愿，任意地接近于 p（大数定律）.可将这 n 次试验视为 pn 次独立试验，每次都取得成功；它们的平均长度为

$$\frac{n}{np} = \frac{1}{p}.$$

本谜题要求得出六个数目，关键在于将此过程分解为六个阶段.从而完成全部阶段的平均时间应该等于各个阶段的平均时间之和.这时，你会懂得，如果你要去算所看到的不同数目的个数时，其值将从 1 开始（第一次抛掷时），每次上升一步，直至它等于 6 为止.我们现在可将"k 阶段"定义为已看到 $k-1$ 个不同数目，等待第 k 个数的出现所需等待的时间.

第 k 阶段的成功概率实际就是我们未看到的数目的个数，即 $n-(k-1)$ 再除以 6；因而，阶段 k 的平均长度为 $\dfrac{6}{n-k+1}$，从而整

个过程的平均时间是

$$\frac{6}{6}+\frac{6}{5}+\frac{6}{4}+\frac{6}{3}+\frac{6}{2}+\frac{6}{1}=14.7. \qquad\qquad ♥$$

值得注意的是:一次掷六颗骰子,等待所有不同数目出现的实验将与上面所说的很不一样.其成功概率将是 $\dfrac{6\times5\times4\times3\times2\times1}{6^6}$ (例如,可参阅上一章的最后一题),它大约等于 0.015 432 1,因而平均等待时间将多达 64.8 次试验,尽管一次能同时掷六颗骰子,等待时间却长得多!

掷出一连串的正面

这个谜题曾在 20 世纪 80 年代早期的一届国际数学奥林匹克竞赛中被提出过,但结果没有采用[请参阅默里·克拉姆金(Murray Klamkin)的《1979—1985 年国际数学奥林匹克竞赛》(*International Mathematical Olympiads 1979—1985*),1986 年美国数学会编集].它同上一题是很好的匹配,但需要更多的思考.

如果开始时就一帆风顺,掷出奇数次正面后再出现一次反面,那么易于算出相应的概率为

$$P_r(HT)+P_r(HHHT)+P_r(HHHHHT)+\cdots$$

$$=\left(\frac{1}{2}\right)^2+\left(\frac{1}{2}\right)^4+\left(\frac{1}{2}\right)^6+\cdots=\frac{1}{3}.$$

若情况并非如此,在掷出偶数次正面后出现了一次反面,那么我们就必须重新开始.这样,平均说来,就得进行三个这样的试验.不过,我们需要计算的是抛掷次数,而不是试验次数.

幸运的是,我们可以利用数学期望的其他事实.如果有 n 项,

而其平均大小为 s，则各项的平均总大小便是 s 乘 n 的平均值。每一次我们的试验（不论其成功还是失败）在掷出第一个反面后都将告终，所以每次试验的平均抛掷次数应该是 $\dfrac{1}{\frac{1}{2}}=2$。从而谜题的解应为 $2\cdot3=6$ 次抛掷。♥

不过，还有更巧妙的办法来对待这个特殊谜题。设 x 为问题的解答。如果我们从 T 或 HH 开始，那么在成功之前仍须面对平均 x 次的抛掷，而如果从 HT 开始，那么我们已经是成功了，这就意味着

$$x=\frac{1}{2}\cdot(1+x)+\frac{1}{4}\cdot(2+x)+\frac{1}{4}\times2,$$

所以 $x=6$。

三颗骰子

事实上，许多赌场里都有这种下注法。在美国，人们称之为"碰碰运气"或"鸟笼"（通常是在鸟笼里滚动骰子）。人们会合乎情理地得出结论，无需通过计算，即可证明这种下注法对赌场有利。

但还有更好的数学方法来证明这一点，而且它还可用于别的博彩游戏。设想六名赌客，每人都把 1 美元押在不同的点数上，再来掷骰子。赌场自然是永远不输！ 如果掷出的是三个不同点数，赌场只不过把输家的 3 美元转手给了赢家。如果是别的情况出现，那么赌场会收到 4 或 5 美元，而付出的不过是 3 美元。♥

所以，玩家如果用此种方法下注，博彩肯定有利于赌场，但这是否意味着它永远对赌场有利呢？是的，当真如此。下注是否对赌

场老板有利并不取决于谁去赌或下多少注.

当然,要直接判定"碰碰运气"有失无得也并不困难.通过掷骰子得出三种不同点数的概率为 $\dfrac{6\times5\times4}{6^3}=\dfrac{5}{9}$,下注者所押的数是掷出的或未掷出的三个点数之一,他不盈不亏得失相当的概率是 $\dfrac{1}{2}$.三颗骰子点数相同的概率为 $\dfrac{1}{36}$,此时下注者将以 $\dfrac{1}{6}$ 的概率赢到 3 美元,在其余情况下将失去 1 美元,平均损失 $\dfrac{1}{3}$ 美元.最后,在剩下的 $\dfrac{5}{12}$ 的时间里,下注者将以 $\dfrac{1}{6}$ 的概率赢得 2 美元,$\dfrac{1}{6}$ 的概率赢得 1 美元,而以 $\dfrac{2}{3}$ 的概率失去他的 1 美元,平均损失 $\dfrac{1}{6}$ 美元.总的算起来,他将要亏蚀 $\dfrac{1}{36}\times\dfrac{1}{3}+\dfrac{5}{12}\times\dfrac{1}{6}=\dfrac{17}{216}$ 美元,大约合到每下注 1 美元输掉 8 美分.

只须将输赢规则略加改变,就可以使双方都不吃亏.如果三颗骰子中所押的数字出现两次,把奖金从 2 美元提高到 3 美元;出现三次时,从 3 美元提高到 5 美元.

此题出现于 1914 年山姆·洛伊德二世(Sam Loyd Ⅱ)所编的《山姆·洛伊德 5 000 谜题、难题与戏法大全》(*Sam Loyd's Cyclopedia of 5 000 Puzzles，Tricks，and Conundrums*)一书.老山姆·洛伊德(1841—1911)(上述编书者之父)赫赫有名,是美国著名的谜题专家,完美无缺的节目主持人.

有磁性的硬币

绝大多数人都认为,有着较少"苏珊"的罐子价值极低,微不

足道.事实上,在坐满一桌子的专业数学家中,只有一个人愿出
100 美元,此外再也没有人的出价高于 10 美元.

而实际上,平均说来,罐子的价值稳稳可值一百万美元的四
分之一.两个罐子里最后存币的概率分布是全然一致的.譬如说,
第一个罐子里最后只有一枚"苏珊"的概率同它藏有 451 382 枚
"苏珊"的概率是完全一样的.

易于用归纳法证明此点.但我发现下面的洗牌比喻更令人满
意.设想一叠牌共 999 999 张,其中只有一张是红牌.我们可以用下
面的办法把牌洗得很完善.把红牌放在桌子上,取下一张牌(任一
张),以同样的概率把它滑到红牌的上面或下面去.再下一张牌便
有三种插法.以等概率任取其一并将它插进去.当我们把最后一张
牌插好以后,桌上就有了一副洗得很透,完全随机的牌.

但请注意:红牌上面有 $x-1$ 张牌,下面有 $y-1$ 张牌时,下一
张牌放在上面的概率将是 $\dfrac{x}{x+y}$.因而,放在红牌上面的牌,其作用
犹似放到第一个罐子里去的"苏珊"(开始就有的一枚"苏珊"币不
算),放在红牌下面的牌则犹似第二个罐子里的"苏珊".

由于在最后形成的一堆牌里,红牌处于任何高度的可能性都
是相等的,从而就可以推论出硬币分布的均匀性.   ♥

磁性硬币的谜题(悖论?)有时也叫"波利亚的钱罐",以纪念
不久前逝世的大数学家兼谜题狂热者乔治·波利亚(George
Polya)[例如,可参阅约翰逊(N. Johnson)与科茨(S. Kotz)合著的
《罐子模型及其应用:现代离散概率论探究》(*Urn Models and Their
Applications: An Approach to Modern Discrete Probability
Theory*),1977 年纽约,约翰威立出版公司出版].不难证明:抛掷

无穷多枚"苏珊"时，第一个罐子里所拥有的硬币比率，将以概率 1 趋于一个极限，犹似从单位区间里抽取均匀分布的随机数那样.

茫然喊价，一锤定音

你根本不应喊价.如果你在拍卖时喊出价钱 $\$x$，那么该机械小工具所有者的期望值（他愿意出售的卖价）为 $\$\dfrac{x}{2}$；因此对你来说，期望值应为 $1.8 \cdot \$\dfrac{x}{2} = \$0.9x$.因此平均说来，如果你把它搞到手，实际上是吃亏的.而如果你无所动作，那么你将不赢不输，所以根本没有必要去喊价.   ♥

本题出自耶路撒冷大学的麦耶·希莱尔（Maya Bar Hillel）.

任意划定区间

此题有着令人惊异的历史.我同我的一位同事，约翰·霍普金斯大学的埃特·许奈曼（Ed Scheinerman）为了计算任一区间图的直径，需要知道本题的答案.为此，我们先算出了它的一个渐近值 $\dfrac{2}{3}$.后来，借助于一大堆繁琐的积分计算，我们终于发现，同所有别的区间（从 2 个到无穷多个，上不封顶）统统都相交的区间，找到它的概率不多不少，正好就等于 $\dfrac{2}{3}$.

下面的组合学证法由乔伊斯·贾斯蒂斯（Joyce Justicz）发现，他毕业后同我一起在埃穆利大学进修.设想区间端点从 $\{1, 2, \cdots, 2n\}$ 选取而来，我们将按如下方式递归地标记各个点：$A(1), B(1), A(2), B(2), \cdots, A(n-2), B(n-2)$.为了便于参照，

把点的集合 $\{n+1,\cdots,2n\}$ 称为右边, $\{1,\cdots,n\}$ 称为左边.开始时,令 $A(1)=n$,而将 $B(1)$ 作为其配对数.设想我们一直标记到了 $A(j)$ 与 $B(j)$.如果 $B(j)$ 位于左边,那么 $A(j+1)$ 取自尚未标记的右边的最左点,而 $B(j+1)$ 为其配对数;如果 $B(j)$ 位于右边,那么 $A(j+1)$ 是尚未标记的左边的最右点,而 $B(j+1)$ 为其配对数.

若 $A(j)<B(j)$,则称第 j 个区间是"趋右"的;反之则称为是"趋左"的.打上标记 $A(\cdot)$ 的点称为"内"端点;反之,则称为"外"端点.

不难通过数学归纳法验证,在指定了标记 $A(j)$ 与 $B(j)$ 之后,要么是左、右两边各有相等数目的点打上了标记(若 $A(j)<B(j)$),要么是左边多出两个点打上了标记(若 $A(j)>B(j)$).

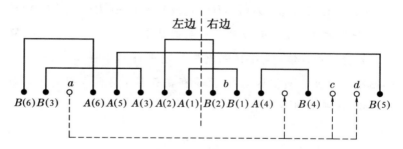

在标记 $A(n-2)$ 与 $B(n-2)$ 被指定以后,还留下四个没有打上标记的端点,设它们是 $a<b<c<d$.有三种等可能的办法把它们配对,我们断言其中有两种办法将导致一个大区间的出现,它会同别的所有区间都相交,而第三种办法将不会出现这种情况.

如果 $A(n-2)<B(n-2)$,那么我们就能肯定 a、b 位于左边,c、d 位于右边;否则,仅有 a 在左边.不论是何种情况,一切内端点都在 a 与 c 之间,否则其中之一早就有了标记.从而区间

$[a,c]$同所有别的区间都相交，$[a,d]$也同样如此，由此可知，除非a同b配对，我们能得出一个大的区间.

反之，如果配对的确实是$[a,b]$与$[c,d]$，那么它们中的任何一个都不是大区间，因为它们互不相交.设想某个其他区间是大区间，譬如说$[e,f]$，它们由$A(j)$、$B(j)$标记出来.

若a、b位于左边，内端点$A(j)$位于b、c之间，则$[e,f]$不能同$[a,b]$、$[c,d]$都相交，这就违反了我们的假定.

反之，则由于$[e,f]$同$[c,d]$相交，f为一外端点$(f=B(j))$，$[e,f]$趋右；由于最后标记的一对是趋左的，于是存在着某个$k>j$，使$A(k)$、$B(k)$趋左，但$[A(k-1),B(k-1)]$趋右.从而$A(k)<n$，但因$A(k)$是一个后来标记的左边的内点，故而$A(k)<A(j)$.然而这样一来，$[A(j),B(j)]$最终不能同$[B(k),A(k)]$相交.这一最后的矛盾反证了我们所要的结果. ♥

只需稍加谨慎，即可利用此种推理来证明下列事实：若$k<n$，则在一组n个随机区间中，至少存在着k个区间同别的区间全都相交，此时的概率将是

$$\frac{2^k}{\dbinom{2k+1}{k}}.$$

它也与n无关.在上述表达式中，"二项式系数"$\dbinom{n}{k}$表示从由n个元素组成的集合中取出k个元素的子集数，即等于

$$\frac{n(n-1)(n-2)\cdot\cdots\cdot(n-k+1)}{k(k-1)(k-2)\cdot\cdots\cdot 1}.$$

第 **5** 章

几　何

　　方程正是数学里令人最讨厌的那一部分.我喜欢用
几何方法去看待事物.

　　　　　　——斯蒂芬·霍金(Stephen Hawking,1942—2018)

　　对出题人来说,二维或三维的古典几何学是个无底洞,永不
会枯竭.但作为谜题来说,我们要求它不是那种欧几里得写在他的
第二卷《几何原本》里的东西.因此,在本书中,不会有那种求证
$AB=CD$ 或这个三角形与那个三角形全等之类的题目.

　　幸运的是,仍然有许多迷人的几何谜题可选.

　　作为本章开场白的题目来自 1980 年的美国初等学校师资能
力测试.不过,令教育测试服务中心(Educational Testing Service,
简称 ETS)感到头痛的是,其中有道题目的答案原来认为是对的,
实际却是错了.一位很自信的考生要求 ETS 复核其试卷.使我们
感到幸运的是,该题的正确解答确实非常奇妙而且直观.(作者注:

ETS 后来成立了一个专家小组,我也应邀受聘,为他们审阅数学能力测试的问题.)

用胶水黏合棱锥

有一个正方形底的棱锥,各条边都是单位长;另有一个三角形底的棱锥(正四面体),各边也都是单位长.现在把它们的两个三角形表面用胶水黏合起来.

试问:由此而得的组合体有几个面?

解答　正方形底的棱锥有五个面,正四面体有四个.由于两个黏合起来的三角形表面不见了,于是该组合体应有 $5+4-2=7$ 个面,这种解法对不对呢? 显然,这是原来出题者的思路.选自不同棱锥的表面,在胶合过程中可能会相邻与共面,由两变一,从而可以进一步减少表面的数目.然而,这种可能性必须排除,因为这两种立体的形状根本不一样.

然而,这种重合现象真的发生了,而且居然发生了两次:被胶合起来的多面体只有五个面.

你可以在头脑中想象这一点.设想两个正方形底的棱锥,边靠边地放在一张桌子上,它们的正方形底面在下面,毗连在一起.现在,在两个顶点之间画一根"心理"直线,注意其长也是一个单位,同所有的棱长都一样.

从而,在两个正方形底的棱锥之间,我们实际上构筑起了一个正四面体.而两个平面(其中的每一个都含有来自正方形底棱锥的一个三角形表面)也都含有正四面体的一边;随之就有了正确的结论(如果你觉得很难想象,请参看下面的插图).

上述论证,有时戏称为"小狗帐篷"解法,发表在 1982 年的

《数学的行为习性杂志》(*Journal of Mathematical Behavior*)上，题为《几何知识的心理表述》("The Mental Representation of Geometrical Knowledge")，作者为史蒂芬·杨(Steven Young).

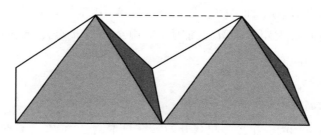

以下的各道趣题中，有一个不需要文字来证明，看了图即可明白.请你猜猜看，它是哪一个？

三维空间的圆

三维空间能否分成一个一个的圆？

用立方体表演魔术

能不能把整个立方体穿过一个较小立方体中的洞？

红点与蓝点

平面上有 n 个红点，n 个蓝点，任何三点都不共线.

试证明：存在着一种匹配关系，使每个红点与其对应蓝点之间的连线统统都不相交.

通过两点的直线

设 X 是平面上的一个有限点集，并非所有的点都在同一直线上.求证:存在着一条直线,正好通过 X 中的两点.

有着最大距离的点偶

仍设 X 为平面上的一个有限点集.X 中含有 n 个点,任意两点之间的最大距离为 d.试证明:X 中至多有 n 个点偶(即一对点),其距离为 d.

和尚登山

有位和尚在星期一早晨开始攀登日本富士山,在薄暮时分到达山巅.他在山上过了一夜,次日早晨开始下山,星期二傍晚到达山下.

证明:在一天中必然存在着一个确切时刻,使他在星期一上山和星期二下山时处于同一高度.

油漆多面体

P 是一个有着红、绿表面的多面体.每一个红色表面都被绿色表面所包围,但红色面的总面积超过绿色面的总面积.

试证明:在 P 的内部无法内接一个球.

圆形投影

一个物体在两个平面上的投影是完整的圆形.求证:它们有着相同的半径.

平面上的条带

所谓"条带",是指平面上介于两条平行线中间的区域.试证明你无法利用一系列"条带"(其宽度之和为有限数)将全平面覆盖.

六边形中的菱形

一个大的正六边形被分割为正三角形网格.现在用一些菱形来铺地,每个菱形是由两个正三角形沿着一条共同的边胶合而成的.菱形有三种,其形状取决于定向(见下图).

请证明:必须使用同样数目的三种菱形,才能把正六边形全部覆盖.

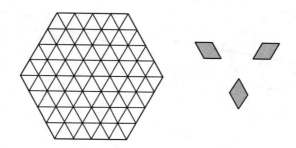

菱形铺地

让我们再来做一次,但须使用更大的砖,较多的边.

由正$2n$边形的一对非平行边拼组$\binom{n}{2}$种不同的菱形,然后通过菱形的平移来把正$2n$边形全部覆盖起来.

请证明:为达到此目的,必须把每种不同菱形全都用上一次.

多面体上的向量

在多面体的每个表面上构筑一个垂直于该平面,并指向外面的向量.其长度(向量的模——译者注)等于平面的面积.

证明:所有这些向量的和等于零向量.

三个圆

两圆的"焦点"是它们的两条外公切线的交点.不同半径的三个圆(任何一个圆都不包容在另外的圆中)决定了三个"焦点".

证明:这三个"焦点"必定位于同一直线之上.

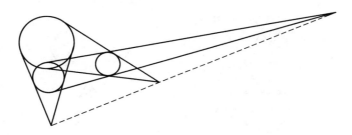

球与四边形

有个空间四边形的所有各条边都与一个球相切.

证明:四个切点在同一平面之上.

本章的最后一道谜题把读者们导游到拓扑学与各种等级的无穷大王国里作一番巡礼.

平面上的 8 字图形[①]

在平面上究竟可以写出多少个拓扑学的 8 字图形,当然它们之间是不能互相联结的.

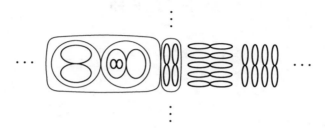

---

① 把 8 字横过来看,就是无穷大(∞)符号.——译者注

解 答 与 注 释

三维空间的圆

是的.在 XY 平面上放置一个一个的圆,其半径都等于 1,圆心的横坐标是 x 轴上每个被 4 除后余 1 的数,例如,……$(-7,0)$,$(-3,0)$,$(1,0)$,$(5,0)$,$(9,0)$,……请注意每一个中心位于坐标原点的球同这些圆只在两点处相交.而球的剩余部分则是圆的并集. ♥

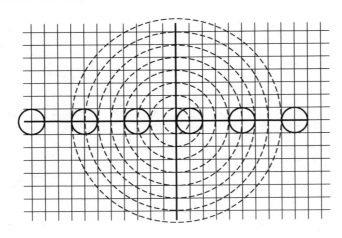

本题尚有其他方法可解,如环面等,但据我所知,没有比上面的解法更简洁优雅的了.

我是从普林斯顿大学计算机科学教授尼克·派宾格(Nick Pippenger)那里第一次听到这个机灵谜题的.

用立方体表演魔术

你能做到的.为了将一个单位立方体通过第二个单位立方体中的一个洞孔,需要认出其内部包容着一个单位正方形的截面.这样,第二个单位立方体内就有着边长略大于1的方形圆柱洞孔,从而留出足够大的空间,足以让第一个立方体通过.

甚至容许误差更小一些也能办同样的事,譬如说,第二个立方体比单位立方体稍小一点也行.

你可以用来一试的最简易的(但并非独一无二)横截面是一个正六边形,这种极薄的切片将通过立方体的三个顶点与形心.你也能很容易地"看出"这个六边形,只要把立方体拿在手里观察,这时,它的一个顶点便是正六边形的中心.(请参看下页图)

设 A 是其中的一个可以看到的表面在平面上的投影,我们注意到它的长对角线与单位正方形的对角线(长度为 $\sqrt{2}$)是同样长的,因为这条线在投影时并未缩短.如果我们把 A 的一个复本悄悄地滑进正六边形中去,并略为加宽,使之形成单位正方形 B,则 B 的经过加宽的顶点势将达不到正六边形的顶点(因为正六边形中相对顶点间的距离要大于一组对边之间的距离).

于是,只要我们把 B 略加倾侧,它的所有四个顶点都将严格位于六边形的内部. ♥

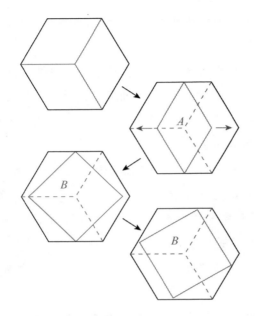

有人提醒我,这则可爱的谜题曾在马丁·加德纳的专栏文章里出现过,撰稿人是东伊利诺伊大学的格里高利·加尔匹林(Gregory Galperin).

红点与蓝点

在所有的匹配中,挑出一个能使 n 条连线的总长度为最小的;我们断言它将不会有任何交叉.因为如果线段 uv 与线段 xy 相交,那么这两条线段便是凸四边形 $uyxv$ 的对角线,由三角形不等式可知,如果改用 uy 与 xv,就可以减小总长度,从而引出矛盾. ♥

这里所运用的证明技巧,即通过使某个参数取极小或极大值来寻找具有特定性质的对象,此类方法有时称为变分法,正如许多读者所知晓,它是非常有用的.下一道谜题将为我们提供另一实例.

本题选自 1979 年普特南试题集的问题 $A-4$.

通过两点的直线

这个著名谜题是大数学家西尔维斯特(J. J. Sylvester)[①]的一个猜想,其日期可追溯到 1893 年.第一个证明它的人是梯博·加莱(Tibor Gallai).以下证明引自 1948 年凯利(L. M. Kelly)在《美国数学月刊》(*American Mathematical Monthly*)第 55 卷上的一篇文章,经常被保罗·艾尔多什(Paul Erdös)引用,作为"书本证明"的一个佳例.

设想每一条通过 X 中两个或两个以上点的直线实际上至少有 X 中的三点.证法是要找到这样的一条直线 l,一个不在 l 上的点 P,使 P 到 l 的距离最小.

既然 l 至少含有 X 中的三点,它们中的两个 Q 与 R,理应位于 P 到 l 的垂线的同一侧.若 R 是其中较远的一点,则点 Q 与通过 P、R 的直线距离较近,从而点 Q 将优于点 P——引出矛盾. ♥

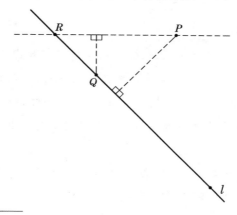

---

① 　古往今来十几位大数学家之一,其事迹详见《数学精英》,贝尔(E. T. Bell)著,徐源译,商务印书馆 1991 年出版.——译者注

有着最大距离的点偶

为了解决这个来自 1957 年普特南考试的谜题,观察到下列事实是很有用的:如果 A、B 与 C、D 是两个最大"点偶"(X 中距离为 d 的点),那么线段 AB 与 CD 必然相交(否则四边形 $ABDC$ 中一条对角线的长度将会超过 d).

现在假定本题的说法不对,设 n 为最小反例中的点偶数.既然存在着较 n 为多的最大点偶,而每一对点偶又有两个点,所以必然存在着一点 P,三个点偶里都有它(例如,分别同 A、B、C 组成点偶),PA、PB、PC 中任意两条线段在点 P 至多构成一个 $60°$ 的角,而其中的一点(如点 B)肯定位于别的点之间.

但要想使 B 成为其他最大点偶的一员是很难做到的,因为如果 BQ 为一最大点偶,那么它必须同 PA、PC 都相交,然而这是不可能的.于是我们可以在 X 中把 B 排除出去,所失的仅有一个最大点偶,而得出一个比原来更小的反例.这一矛盾完成了证明.   ♥

和尚登山

下列方法也许最易看透这一点.设想这位和尚有一个双胞胎兄弟,他在星期二登山时,同和尚在星期一的所作所为全然一模一样.由此可见,和尚在星期二下山时,途中必然会碰见他的兄弟.如果他们走的不是同一条山路,那也肯定会是在某一时刻,处于同一海拔高度.   ♥

(也许你觉得此题太容易,那么在本书第 11 章里将会有一个改头换面,但要难得多的谜题等待着你.)

这个古老的谜题可视为极其有用的中值定理的一个应用.该定理断言,一个连续函数必定要遍历它的一切中间值.本题的函数可取为和尚在星期一白天的一个特定时刻与他在星期二同一时刻身处高度之差；函数开始时取负值（要减去富士山的海拔高度），最后取正值，所以必然要在某一点取零值.

从几何角度讲，你可以把和尚在每一天的高度画在图像纸上，然后把两图重叠起来.肯定有一个地方（一些地方）它们会相交.

中值定理的其他著名应用还有：把密歇根湖内接在一个正方形里；一刀把火腿三明治切成两片，使面包、火腿与乳酪都正好分成一半.

油漆多面体

假定存在内切球，于是利用切点将 P 的表面进行三角形分割.这样一来，在 P 的任意一条棱两边的三角形都是全等的，其面积当然相等；在每一对此类三角形中，至多只有一个是红色的.由此可知，

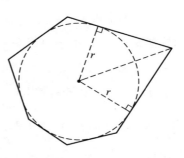

红色的面积至多等于绿色的面积，从而引出矛盾. ♥

这个谜题是贝尔实验室的爱米娜·苏利宁（Emina Soljanin）告诉我的，此处的插图是它在二维空间的简化形式，由多边形的边与顶点取代了 P 的表面与棱.

圆形投影

这个有点恼人的谜题来自 1971 年在里加举办的第五届全苏联数学竞赛.一个简易且能强化你的直觉能力的方法是选取一个

平面,它能同时垂直于两个投射平面,并从每一侧把各个平行"拷贝"移向该物体.于是,在每个投影的对边上,它们会触及该物体,其时,两个平行平面之间的距离就是两个投影圆的公共直径了.♥

平面上的条带

本题的一个大同小异版本曾在一次早期普特南考试中出现过,同上题基本一样,它为你提供了另一个"直觉上显然成立"的事实,却要你加以证明.

由于比较无穷大的体积是非常困难的,要使它有意义,只能把注意力集中于平面的有限部分.我们不能控制条带的相对角度,因而,考察一个半径为 r 的圆盘 D 才合乎逻辑.

设条带的宽度分别为 $w_1, w_2, \cdots$,其和为 1;事实却是,它们甚至覆盖不了 D(在 $r=1$ 的情形).D 与宽 w 的条带的交集被包容在一个宽 w、长 2 的矩形内,因而其面积小于 $2w$.于是,在 D 的内部被条带覆盖的总面积小于 2,然而,D 的面积当然是 $\pi > 2$ 的. ♥

上述论证表明,为了覆盖单位圆盘,你得有大于 $\frac{\pi}{2}$ 的条带宽度和才行,但实际上你是做不到的,除非和数至少为 2(此时,用平行条带就能办到).对此事实,有一个相当巧妙的证明方法.把本谜题推广到三维空间去,设想 D 是一个通过单位球体中心的截面.设圆面被一系列总宽度为 W 的条带所覆盖,令 S 是其中的一个条带,其宽度为 W.我们可以假定条带的两边都与 D 相交,或者一个相交,一个相切.将 S 向上或向下投影到球面上去,我们将得出一个围绕球体的球带(或球冠),用微积分方法可以算出它的面积等于 $2\pi W$,与条带的位置无关!

由于球的表面积为 4π，需要 $W \geqslant 2$ 才能覆盖. 而如果你覆盖不了球的表面，那么你也覆盖不了圆面.

六边形中的菱形

不用文字的证明已经成为美国数学会所办的两家期刊《数学杂志》(*Mathematics Magazine*) 与《学院数学杂志》(*The College Mathematics Journal*) 的一大特色，且频频出现. 你可以在罗迦·B. 纳尔逊 (Roger B. Nelson) 主编的两本书《无言的证明》(*Proofs Without Words*)、《无言的证明续集》(*Proofs Without Words Ⅱ*) (两书均由美国数学会出版) 上看到其中的一些例子. 本题出现在该书的前集上，名为卡里逊问题 (The Problem of the Calissons).

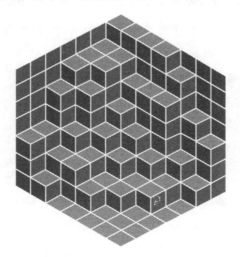

菱形铺地

设 $\vec{u}$ 为 $2n$ 边形的各边之一，现在要引入 $\vec{u}$ 菱形的概念. 所谓 $\vec{u}$ 菱形是以 $\vec{u}$ 作为它的两个组成向量之一的菱形，共有 $n-1$ 个.

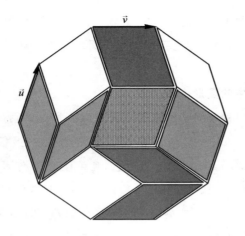

用它来铺地时,靠 $\vec{u}$ 边的下一个当然应是一个 $\vec{u}$ 菱形,接着下一边的也应如此,就这样反复进行,直到 $2n$ 边形中的与此边相对的边为止.要注意每一步都必须按照 $\vec{u}$ 向量,或左或右地同向进行.对 $\vec{u}$ 菱形的任何别的行进路径亦应如此.但其实不可能存在别的 $\vec{u}$ 菱形道路,因为它既不能收拢,也没有地方可去.

对另一条不同边 $\vec{v}$ 作类似定义的行进路径必然要同 $\vec{u}$ 的行进路径相交.而其公共部分的铺地砖理应由 $\vec{u}$ 与 $\vec{v}$ 组成.它们能否相交两次呢?当然不行,因为第二次的相交将使 $\vec{u}$ 与 $\vec{v}$ 的交角在由两向量组成的菱形内比平角 π 还大,而这当然是不可能的. ♥

这个谜题来自佐治亚工程技术大学的达娜·兰达尔(Dana Randall).

多面体上的向量

促使我注意这道谜题的人是加州大学伯克利分校统计系的于弗·佩莱斯(Yuval Peres),领悟到向量和必然为 $\vec{0}$ 的最简洁办法是下面的思想实验.

把空气打进坚固的多面体（刚体）里,于是可以观察到,任一表面上的压力作用于法线方向,而其大小与该面的面积成比例.这些压力必然会相互平衡,否则多面体将会自发地运动起来. ♥

三个圆

就我所知,本题是一个最好的范例,可用来说明升维技巧对解决难题的有效性.把图上的每个圆改换成球,使它与平面的交集是给定的圆.现在每一对球决定了一个圆锥,而这三个圆锥的顶点成了题目里的三个点.

但从上面来看,这些顶点全都在一个与球相切的平面上;而从下面来看时,又都落在一个与球相切的平面上.所以,它们一定在这两个平面的交线上,也就是说,在一条直线之上. ♥

看来这是一个古老的、经典性谜题.我第一次听到它是在佐治亚工程技术大学计算机学院的达娜·兰达尔那里.伊利诺伊大学的瓦迪姆·扎尼茨基（Vadim Zharnitsky）则认为,你可以去探讨一个三维空间中四个球的类似问题:由它们所决定的六个圆锥的顶点是不是落在同一平面之上? 事实正是如此,而证法之一是再次提升维数,要到四维空间中进行推敲.

球与四边形

此题来自普林斯顿大学应用与计算机数学系的一位访问学者丹尼娅·科瓦诺娃（Tanya Khovanova).用她自己的话来说,她手上有一批很难解决的"棺材"问题.

苏联最有威望的莫斯科州立大学数学系在当时（1975 年）曾

竭力阻挠犹太籍(以及其他不愿接纳的国家)学生注册入学.他们所采取的一种手段是在口试时对这些不想要的学生提问一些不同类型的问题.这些题目是经过周密设计的.它们当真存在着初等解法(从而数学系可以不受指责),然而不大可能把它们找出来,于是答不出的学生就能轻而易举地遭到"谢绝",这种做法被认为对控制外国留学生的国籍非常有用.于是,这类"闭门羹"式的问题就被戏称为一口口的"棺材".

下列解法的确不易找到,但也并非绝不可能.如果你能认识到证明四点共面的一种较好办法是找到一个落在两条直线上的点,而这两条直线则分别通过四点中两对互不相连的点.

首先注意到空间四边形的每个顶点 i 与其所属两边上切点之间的距离等于 d_i,随后,我们给每个顶点赋以质量 $\frac{1}{d_i}$,由此推知两个相邻顶点的质心即是其共同边的切点.随之得出所有四个切点的质心位于连接相对切点的两条直线之上.一旦找到此点,问题即告解决. ♥

平面上的 8 字图形

这个谜题大约已有 50 年左右的历史.我曾一度听说过人们把它归功于已故的得克萨斯大学的伟大拓扑学家摩尔(R. L. Moore).不熟悉各类无穷大之间大小差别的读者也许要被它搞得稀里糊涂;很明显,你可以在平面上画出无穷多个不相联结的 8 字图形,例如,在每一个方格子里写一个 8.这样一种集合称为是"可数的",其意思是指人们可以把所有的 8 与正整数对上号,以使每个 8 都与一个不同的正整数对应.

全体整数的集合，一切（整）数偶的集合，乃至全体有理数的集合统统都是可数的，但正如伟大的数学家（但他经常被人贬低）乔治·康托（Georg Cantor）在 1878 年所指出的那样，全体实数的集合是不可数的．我们可以在平面上用一切可能的正实数为直径来画同心圆，因此，若谜题问的是圆而不是 8 字图形，则答案应该是"不可数"的无穷多，说得更确切一些，即为"实数的基数"．

但是，我们只能写出可数个无穷多的 8 字图形．伴随着每个 8 的是一对有理点（横坐标与纵坐标都是有理数的平面上的点），每个圈里有一点，没有两个 8 字图形能合用一对点，因而，我们的 8 字图的基数不能大于有理数偶集合的基数，而后者是可数的无穷大． ♥

本题尚有经改头换面而更难一些的变化，请参阅第 11 章"难题"．

第6章

地　理　（！）

不懂地理,你将无所适从.

——吉米·巴菲特(Jimmy Buffett,1946—　　　)

　　嗨,此章其实不属于本书.尽管其中的某些谜题本质上有数学气息,但之所以将它们放在这里,主要还是因为数学谜题爱好者很喜欢它们之故.我的出版商向我打包票,有没有这一章,书价都一模一样.如果你不感兴趣,就可以跳过去不看.

　　谜题的基石是地球这颗行星的表面.不过,侧重点是笔者的祖国——美国.这一点要请其他国家的读者原谅我.如果各位能通过电子邮箱 pw@akpeters.com 赐告我别的国家的类似谜题,我将深为感谢.

　　有些谜题反映出了地图投影法对正确理解球面性质造成了若干扭曲与误解.这里,让我来给出一个实例.

到非洲去

美国的哪一个州距离非洲最近？

答案是缅因州，不仅仅近，请查看地球仪．如果你按照大圆航线飞行，从迈阿密市到卡萨布兰卡去，那么你可以在出发时沿着美国东海岸朝东北方向飞，虽然要偏离缅因州，但不算很远．

测试完你的地理知识，下面就要看你的了．

莱诺之东

在美国内华达州莱诺市的东面，科罗拉多州丹佛市的西面，哪一个城市最大？

打电话

一个电话从美国东海岸打到西海岸，而两头都是同一天的同一时间，这可能吗？

美国的直径

在美国，哪两个州包含了相距最遥远的、地理学上所谓的点偶（指一对城镇）？

基韦斯特的正南方①

如果你从佛罗里达州的基韦斯特市向正南方飞行，你将首先

---

① 基韦斯特（Key West）是佛罗里达群岛海上公路的终点，距离大陆160千米，是美国最南端的一个城市．作家海明威曾住于此，他的不朽名著《战地钟声》就是在这里创作的．——译者注

到达南美洲的哪一个城市?

中西部的印第安人

在美国中西部,仅有一个州的名称不来自当地土著(原住民),它是哪一个?

最大的相形见绌城市

在美国,其名声被同名城市掩盖的最大城市是哪一个?

这种说法难免有点含糊不清,使不熟悉美国国情的人莫名其妙,让我们来解释一下.美国有不少同名城市,如果有个城市被别的同名城市"压倒"了,我们就说它"相形见绌"(或"黯然失色"),例如,缅因州的波特兰就比不上俄勒冈州的波特兰.

试问:在"失色"的城市群中,何者最大?

自然边界

在美国,有些州的部分边界是自然形成的,如高山、大河等,但也有一些则是法定的经纬度或其他曲线,有一个著名的例子(包括特拉华州与宾夕法尼亚州),边界竟是一段圆弧.有三个州:科罗拉多州、犹他州与怀俄明州只有人为边界.

请问:只有自然边界的州是哪一个?

不能穿越的边界

说到州的边界,你是否知道,哪个州的边界不准汽车超越?换句话说,请找出美国有共同边界的两个州,但你却不能把汽车直接从这一州开到那一州去.

奇怪的别名

缅因州的西郭德岬(West Quoddy Head)①这片土地有什么别名,你知道吗?

城市与乡村

这是一个同社会学有关的谜题.目前绝大多数美国人(超过75%)生活在"城市圈"里.2000年的美国人口普查把某一州的100%人口列为城市居民,但与之相距只有几百英里远的另一州却只有27.6%的人口生活在城市里,你能猜出这两个州吗?

从南到北

你能想象出各大洲的大致轮廓吗? 请把以下四座城市按从南到北的顺序排列一下:加拿大哈利法克斯、日本东京、意大利威尼斯、阿尔及利亚首都阿尔及尔.

一个音节的城市

在美国,只有一个音节的最大城市是哪个?

华盛顿与女性

下面有项测试,可以考查你对美国大陆部分的地理知识是否熟悉.

请设计一条美国行车路线,始于华盛顿州的西雅图市,终于

---

① 该州位于美国本土最东北端,濒临大西洋,有1 200多个小岛.境内尚有一些印第安人保留地.——译者注

首都华盛顿哥伦比亚特区.汽车行驶途中,只能经过州名的第一字母被收入单词 WOMAN 中的那些地方.

我们的最后一个地理谜题又重新回归到数字,向它迈出了一小步.

博物学家与大熊

一位博物学家离开她的宿营地,向南走了 10 英里,再向东走 10 英里,看到一只大熊并给它照了相,然后向北走了 10 英里,回到宿营地.

尽管没有看到照片,但你仍然可以猜到熊(看上去)的颜色,是吗?

解 答 与 注 释

━━━━●●●●━━━━

这些谜题的答案可以用地图、地球仪、年鉴或 2000 年美国人口普查报告来加以验证.让我们来看看,你能猜对多少.

莱诺之东

"最大城市"之类的问题有点令人尴尬,测算标准是居住在法定城市区域内的人口而不是面积,但它很容易与所谓"都市圈"混淆,造成误导.例如,年鉴上的数据表明,佛罗里达州的杰克逊维尔要比佐治亚州的亚特兰大市要大,然而后者的都市圈人口几乎要大出四倍之多.

不过,对本题来说,不需要考虑这些微妙差别.位于莱诺以东,丹佛以西的最大城市,无论根据什么标准,肯定都是加利福尼亚州的洛杉矶. ♥

打电话

东海岸各州要从缅因州算起,往南算到佛罗里达州.至于西海岸诸州,则应包括华盛顿、俄勒冈以至加利福尼亚,如果你高兴,还可加上阿拉斯加与夏威夷,但它们帮不了你的忙.

在美国的大陆部分,从东海岸打到西海岸的电话,通常要面对三个小时的时差.我们可通过以下办法来使之减少一小时:从佛罗里达州的"平底锅把柄"(如彭萨科拉)打电话,该地是属于中部时区的;从俄勒冈州的极东地区(如安大略)为数甚少的几个镇(属于山地时区所辖)打电话则可再减去一小时.最后剩下的一小时又怎样泯除呢? 其办法是:在彭萨科拉子夜过后(凌晨 2 时到 3 时之间)打电话,时间必须在十月下旬夏令时即将结束之际.此时,中部时间已推后一小时,但山地时间仍维持原状,未受影响. ♥

美国的直径

显然,答案为夏威夷与缅因州,阿拉斯加与佛罗里达,或者夏威夷与阿拉斯加.令人惊讶的是,以上答案竟然无一正确.正确答案是夏威夷与佛罗里达.球面上的大圆再次触及了这些地方! ♥

基韦斯特的正南方

这是一个存心捉弄人的题目.你不可能碰到任何南美洲国家.你将会在整个南美大陆的西侧穿越过去. ♥

中西部的印第安人

就宽松的定义而言,中西部各州包括明尼苏达、威斯康星、艾奥瓦、伊利诺伊、密苏里、密歇根、俄亥俄、堪萨斯、内布拉斯加,其名称全部来自美洲印第安土著,当然也包括本题的答案印第安纳州.

奇怪的是,在密西西比河东面的各州中,只有一个州的州府,

其名称来自美洲土著,它就是佛罗里达州的首府塔拉哈西. ♥

最大的相形见绌城市

缅因州的波特兰? 斯普林费尔德? 或者别的什么城市? 这些都与一般人的看法相符,但无一正确.1975 年以前,本题的正确答案应是堪萨斯州的堪萨斯市,当然与密苏里州的堪萨斯相比,它是相形见绌的.

有一段时期,答案将易主,获胜者是佐治亚州的哥伦布,其声名稍逊于俄亥俄州的州府.

不过,我们目前正处于城市居民迁往郊区的时期.公元 2000 年的美国人口普查表明,加州的格伦代尔(名声盖过它的是亚利桑那州的格伦代尔)现在稳居首位,尽管有此殊荣,声名却隐而不显. ♥

自然边界

当然夏威夷是全部拥有自然边界的州.也许你认为它太容易,然而许多人仍然时常猜错. ♥

不能穿越的边界

此题要比一般人想象的难得多.密歇根州与明尼苏达州在苏必利尔湖中有一个共同边界,但不准任何汽车轮渡超越.并不为人熟知的纽约州与罗得岛州的边界也可算是一个相当令人满意的解答,但在盛夏季节,可以准许渡船从康涅狄格州的新伦敦到达罗得岛州的布洛克岛.

有一个与此类似的问题:从某个州的一小块领土只能经由其

他州或别的国家(例如,华盛顿州的邦德、罗伯茨角必须经过加拿大领土)才能到达该州的其他地方.试问,这是什么地方?

本题有很多答案,特别是在河道经常改变的密西西比河流域.

♥

奇怪的别名

西郭得岬是美国大陆部分的最东端.　　　　　　　　　　♥

你们有时听人说,阿拉斯加州阿图岛上的伍朗格尔角(Cape Wrangell)是本问题的答案,如果把"大陆部分"这几个字眼删去的话,但是我不想奉行这种以格林尼治为中心的推理方式.你们是否愿意把伍朗格尔角称为阿拉斯加的最东端呢?

城市与乡村

新泽西州与佛蒙特州.　　　　　　　　　　　　　　♥

从南到北

东京、阿尔及尔、哈利法克斯,最后才是威尼斯.它们的相应纬度为 35°40′N、36°50′N、44°53′N、45°26′N.请注意 45 度纬线把后面两个城市分于两侧,威尼斯的纬度更北一些.有一次,我曾同一个加拿大新斯科舍省①的人打赌,赢了他 1 美元.　　　　♥

一个音节的城市

宾夕法尼亚州的约克市与纽约州的特洛伊市是常见的,较好

――――――――――――

① 哈利法克斯位于该省.——译者注

猜测,但是密歇根州的弗林特市,尽管人口大量减少,但在人口超过十万的城市中,它仍然是唯一的单音节城市.不过,如果你发音时方言较重,那么本题的答案将是新泽西州的纽瓦克市(Newark,发音为"Noork").♥

华盛顿与女性

没有问题.向南行驶经俄勒冈、内华达、亚利桑那,再向东经新墨西哥州,进入俄克拉荷马州的锅柄形地区,再驶出该州的东北角进入密苏里州.在这里,你必须转而向北,开向该州的西北角,进入内布拉斯加,继续西行进入怀俄明,再北行进入蒙大拿.这段路很长,因为要有意避开爱达荷州.最后,你可折而向东,经过北达科他、明尼苏达、威斯康星与密歇根.然后,转而向南进入俄亥俄州,再东行经西弗吉尼亚至马里兰,最终到达首都华盛顿哥伦比亚特区.

走此路线时,你将不得不数度离开州际高速公路,不但所需时间较长,而且必须保持头脑清醒,切不可鲁莽行事.

博物学家与大熊

当然,出题人原来的想法是,博物学家的营地必须正好位于北极点.只有这样,才能使她的步行路线(向南走 10 英里,再向东走 10 英里,最后向北走 10 英里)成为一条环路.从而她"看到"的必定是一只白熊(北极熊).然而,正如马丁·加德纳的一篇专栏文章里所指出的,实际上,地球上存在无穷多个其他的点,也能使她所走的路径成为封闭环路.

在这些点中,有的位于南极点附近,半径略小于 $10+\dfrac{5}{\pi}$ 英里的圆上.这可使博物学家到达之点 P 距南极只有 $\dfrac{5}{\pi}$ 英里,而误差不足一根头发丝.继续走的往东 10 英里将使她走满一圈,重回点 P,而最后向北走的 10 英里就使她重新回到了原先的营地.

另一个半径略小于 $10+\dfrac{5}{2\pi}$ 英里的圆也符合题意.这时,博物学家向东时会走满两圈,如此等等.

南极洲大陆上没有熊.如果真有的话,它们也有可能是白熊,所以谜题的答案不变. ♥

第 7 章

游　戏

　　对我来说，金钱除了在维持得分方面有些作用之外，从来就不是一个主要驱动力，真正使我兴奋的是做游戏.

──唐纳德·特朗普（Donald Trump，1946──　　）

《特朗普：做生意的艺术》（*Trump：Art of the Deal*）

　　妙趣横生的谜题有时会从博弈游戏中出现.博弈是否公平？最佳策略是什么？本章里所说的谜题，一个怪异（其实是平和的）特征是每一类游戏都有两种变异，似乎互相对立，却又各显其趣.本章共有四对游戏：第一对猜数，第二对讲帽子，第三对说纸牌，第四对论角斗士.

　　让我们从一个经典游戏开始，它为一系列随机算法[卡内基·梅隆大学的梅涅尔·布鲁姆（Manuel Blum）教授确实认真做过]提供了一个很重要的范例.

比较数的大小,第一个游戏

宝拉(干坏事的人)拿出两张纸片,在每张纸片上各写了一个整数,两数必须不相等.此外再无其他限制.数字写好以后,她把纸片分别藏在左右手心.

维克托(受害者)先选中宝拉的一只手,后者摊开手心,让维克托看看纸片上的数目,现在他必须说出两个数目中何者为大,何者为小.猜对了,他能赢得 1 美元;否则就输掉 1 美元.

很明显,维克托可以指望游戏的公正性.譬如说,他可以抛掷一枚硬币来猜大小.现在的问题是:如果对宝拉的心理倾向一无所知,他能否比纯粹碰运气做得更好一些?

比较数的大小,第二个游戏

还可以让维克托干得更轻松些.数目不必由宝拉去选,可以独立地从[0,1]上均匀分布的随机数中任意挑选.(标准随机数发生器的两次输出就可以干得很好.)

为了补偿宝拉,可以允许她查看两个随机数,并让她决定维克托查看其中的哪一个.同上题一样,维克托必须决定他看到的那个数是两数中的大者还是小者,赌注仍是 1 美元.他能否干得比单纯碰运气更好些? 他和宝拉的最佳策略("平衡")各是什么?

红帽与蓝帽,第一个游戏

n 个玩家组成一队,每人头上都要戴一顶红帽或蓝帽.不仅如此,每个人都能看到他的队友所戴的帽子颜色,但看不到自己头上的帽子颜色.不允许相互传递任何信息.

一声令下,每个玩家都要同时说出自己头上所戴的帽子颜色,所有猜错的人一律出局.

知道了游戏的玩法之后,队员们有机会去实施一项通力合作策略(制定出一个策略,不需要每个玩家人人都一样——教人们如何根据自己所看到的帽子颜色来猜自己头上所戴的帽子颜色).制定策略之目的在于:即使在最不利的帽子分布状况下,仍然能保证做到尽可能多的人留下来.换言之,我们不妨假定分配帽子的对手是知道玩家团队策略的,他将竭尽所能地来破坏这个策略的实施.

试问:究竟有多少玩家能留下来?

红帽与蓝帽,第二个游戏

同上题一样,n 位玩家所组成的团队中,每人头上要戴一顶红帽或蓝帽,但这一次,玩家们被安排坐在一列上,每个人只能看到坐在他前面的人头上戴的帽子.每个人都要猜自己头上戴的帽子颜色,说错了将出局.但猜帽色的事要依次进行,从队列的最后一名到排在最前面的人.譬如说,队列中的第 i 人能看到第 $1, 2, \cdots,$ $i-1$ 人的帽色,并听到第 $n, n-1, \cdots, i+1$ 人的猜测.但不知道究竟是对是错——因为出局的事是后来才执行的.

同上题一样,团队有机会制订一个合作计划,目的也是保证尽可能多的人留下来.

试问:在最不利的情况下,多少人能够留下来?

打赌下一张纸牌,第一个游戏

宝拉将一副纸牌彻底洗透,然后自上至下,一张张地面朝上翻出来.维克托可以在任何时刻打断宝拉,并下定1美元的赌注来赌下一张将是红牌.他必须赌一次,也只能赌一次;如果他不在中途叫停,那就自动地意味着他赌的是最后一张牌.

维克托的最佳策略是什么?它比纯粹碰运气究竟能高明多少?(设在一副牌中有26张红牌,26张黑牌)

打赌下一张纸牌,第二个游戏

宝拉再次把牌洗透,把牌的正面一张张地翻出来,维克托从1美元钞票开始,可以用他现在身家的任何一部分来打赌,当然仍须在每次把牌"公开示众"以前.赌的仍是下一张牌的颜色:究竟是红牌还是黑牌.

不管牌的当前组成情况如何,他都按兵不动.譬如说,他可以一直不下赌注,直到最后的一张牌,而这张牌的颜色,他自然是知道的①.因此他笃定泰山地满怀信心,回家时肯定会有2美元.

是否还有其他什么办法使维克托在收场时保证能拿到比2美元更多的钱?如果真的能办到,试问:他最多可以赢得多少?

----

① 因为所有其他的牌都已先后亮相.——译者注

角斗士,第一个游戏

宝拉与维克托手下各有一队角斗士,宝拉的角斗士们的武力值为 $p_1, p_2, \cdots, p_m$,维克托的人则是 $v_1, v_2, \cdots, v_n$.角斗士一对一地进行交手,直到其中有一人输掉离场.如果武力值 x 的角斗士与武力值 y 的角斗士相遇,那么前者的获胜概率为 $\dfrac{x}{x+y}$,后者的获胜概率是 $\dfrac{y}{x+y}$.另外,若武力值 x 的角斗士获胜,则对手的武力值也会转到他的身上,于是其武力值增大到 $x+y$;类似地,若另一人获胜,则其武力值从 y 增大到 $x+y$.

每一次交锋过以后,宝拉将从她手下还在场上的角斗士中推出一人,而维克托也将挑出一人来对抗.最后,至少还有一名队员在场上的是赢家.试问:什么是维克托的最佳策略?譬如说,如果宝拉一开始就推出她手下武力值最高的角斗士,那么,维克托该怎么回应?

角斗士,第二个游戏

宝拉与维克托仍然要派出手下的角斗士进行交手,但武力值转化因素不起作用了.即若一名角斗士获胜,则他的武力值同交手前一样,不会增强.

同上题一样,每回交手之前,宝拉先挑出一人上场.试问:什么是维克托的最优策略? 如果宝拉在开局时就派出她的第一号好汉,维克托应该如何对付?

解 答 与 注 释

比较数的大小,第一个游戏

据我们所知,此题来自托马斯·考弗(Thomas Cover)在 1986 年所写的一篇论文,请参阅《挑出最大的数目》("Pick the Largest Number")[《通讯与计算中的开放性问题》(*Open Problems in Communication and Computation*),考弗与戈皮纳特(B. Gopinath)主编,施普林格出版社 1987 年出版,第 152 页]. 令人惊讶的是,确实存在着一种策略,能保证维克托取胜的几率大于 50%.

在进行博弈之前,维克托应选用一种整数的概率分布,它对每个整数都给定一个正数概率(譬如说,他可以去抛掷一枚硬币,直到它出现"正面".如果他看到 $2k$ 次"反面",他将选择整数 k;如果他看到 $2k-1$ 次"反面",他将选择整数 $-k$).

如果维克托足够机灵,那么他将尽量隐瞒这种概率分布,不让宝拉知晓,但你将会看到,即使宝拉发现了也不要紧,维克托还是保证能赢.

在宝拉选好了她的数目以后,维克托从他的概率分布中挑出一个整数,把它加上 $\frac{1}{2}$,使之成为他的"阈值"t.譬如说,利用上述的分布,如果连掷五次"反面"后才出现第一个"正面",那么他的随机整数就是-3,而其"阈值"t 为$-2\frac{1}{2}$.

宝拉伸出双手时,维克托抛掷了一枚正常的硬币来决定应选择她的哪一只手,然后看一下手掌心的数目.若它大于 t,则他就猜它是宝拉两数中的较大者;若它小于 t,则他就猜它是宝拉两数中的较小者.

为什么这种办法管用呢? 好吧,让我们来解释一下.设 t 比宝拉的两个数目都大,那么不论维克托得到什么数,他都会猜"较小",从而使猜对的概率正好等于 $\frac{1}{2}$.若 t 比宝拉的两个数目都小,那么维克托肯定会猜"较大",而猜对的概率仍等于 $\frac{1}{2}$.

然而,在正数概率的情况下,维克托的阈值 t 将介于宝拉掌握的两数之间.从而不管他挑选哪只手,维克托总是能赢的.这种可能性使维克托轻易地获得了"锋利的刀刃",超过 50% 不在话下.

♥

然而,不论这个或其他任何策略都不能使维克托保证得到,对任一确定的 $\varepsilon > 0$,获胜概率大于 $50\% + \varepsilon$.聪明乖巧的宝拉可以随意选出两个连续的多位整数,从而使维克托的"利刃"成为不值一文的"钝器".

比较数的大小,第二个游戏

不让宝拉去选数,而由她来猜维克托将会查看两数中的哪一个,表面上看来似乎这是对宝拉的一种微不足道的补偿办法.然而,经过这样一种改变,游戏变得彻底公平了.宝拉有办法来抵御维克托,使他根本捞不到任何好处.

她的对策简单之至:查看两个任意取的实数,哪一个更接近 $\frac{1}{2}$,就把它抛给维克托.

这将使维克托别无良策,沦为纯粹的胡乱猜测.为了看清这一点,不妨设想抛给他的数 x 在 0 与 $\frac{1}{2}$ 之间,于是那个未看到的数目势将均匀地分布于并集 $[0,x]\cup[1-x,1]$ 中,小于 x 或大于 x 有着同等的可能性.如果 $x>\frac{1}{2}$,那么并集将是 $[0,1-x]\cup[x,1]$,而论证方法同上面完全类似.

不过,维克托当然能保证 $\frac{1}{2}$ 的获胜概率,他根本不问对方采用何种策略,也根本不理睬他的数目,而只要随便对空抛掷一枚硬币.由此可见,这个博弈游戏是彻头彻尾地公平的. ♥

引起我注意的这一趣题是我在亚特兰大的饭店里听来的.有许许多多头脑机灵的人住在那里,此题使许多人陷于困境.所以你如果发现不了宝拉的这个上好策略,你也不必犯愁,有一大堆人同你作伴呢!

红帽与蓝帽,第一个游戏

开始时并不清楚任何人都能留下来.通常情况下,首先考虑的是"猜多数颜色"的策略,譬如说,如果 $n=10$,每位游戏者都去猜九位队友中他所看到的五人或五人以上的帽色.但如果帽子的分布是五红五蓝时,这种猜法的不幸后果将是十人全遭出局.这种办法的最显而易见的修正结果也不美妙,在最不利的情况下,结果也将导致一场大溃败.

然而,如果采用下面的方案,那是很容易使 $\lfloor \frac{n}{2} \rfloor$ 名游戏者留下来的.把他们分成对子,如丈夫与妻子,每一位丈夫选取他老婆的帽子颜色,而每一位妻子则选取她丈夫帽子颜色的对立面.显然,如果采用这种办法的话,那么夫妻双方帽子颜色相同时,丈夫将会留下来,而帽子颜色相异时,妻子可以留下来.

这是可能采取的最好办法了,设想帽子颜色是随机分布(例如,通过抛掷硬币)而不是由对手制定的.不论策略如何,一个特定游戏者留下来的概率正好是 $\frac{1}{2}$;因而留下来的期望值正好等于 $\frac{n}{2}$.从而得知留下来的人数最小值不能超过 $\lfloor \frac{n}{2} \rfloor$.   ♥

红帽与蓝帽,第二个游戏

这个游戏是贝尔实验室的基里吉·那利卡(Girija Narlikar)告诉我的(上一个游戏是我对基里吉问题的一种反应,但无疑以前也有人探讨过它).对于这种序贯型游戏,不难看出 $\lfloor \frac{n}{2} \rfloor$ 人可以留下来.譬如说,第 n、$n-2$、$n-4$ 等人每一个都猜前一人的帽子颜色,而第 $n-1$、$n-3$ 等人能马上听到最近的猜色,并从中捞到好处,使他们自己留下来.

表面上看来,这种概率性质的论证似乎与上文所说的同时反应模式差不多,并从而证明 $\left\lfloor \dfrac{n}{2} \right\rfloor$ 是能够留下的最多人数.然而,事实上并非如此,除了最后一人外,所有的游戏者都能留下来!

最后一人(可怜的家伙)[①]在看到他前面有奇数顶红帽子时,喊一声"红",否则喊一声"蓝"就行了.这时,第 $n-1$ 人就会推出他头上所戴帽子的颜色了.譬如说,如果他听到第 n 人所猜的是"红帽",而他看到前面的红帽有偶数顶时,他马上就知道自己头上戴的是红帽.

类似的推理可应用到行列里的任何一人身上.第 i 名游戏者把他看到的红帽数与听到的红帽数加起来,如果和为奇数,那么他就猜"红帽";如果为偶数,那么猜"蓝帽",他就一定能猜对(除非有人中途出错,乱了套).

当然,最后一名游戏者无法确保自己留下来,最好的结果只能是 $n-1$ 人. ♥

值得指出[要感谢乔·波勒(Joe Buhler)提醒这一点],如果帽子颜色不止两种,而是有 k 种不同颜色,队列中也只有最后一人需要作出牺牲.此人把他所见的帽子颜色加以编码:$0,1,2,\cdots,k-1$,求和后用 k 去除,得出余数.然后他说出余数所对应的帽子颜色.然后其他游戏者就可以决定他头上的帽子颜色了:从第一声猜测所对应的代码中减去所见的帽色代码和以及随后他所听到的各个相继猜测.

最后一名游戏者所采取的策略(在 $k=10$ 的情况)同银行里所用的,在客户账号中设置的最后一位的校验码十分类似.

---

① 原文如此,实际上是第一个回答者.——译者注

打赌下一张纸牌,第一个游戏

看来似乎维克托能在这种博弈游戏中捞到一点好处,他只要等待时机,一旦剩下的红牌数超过黑牌数,他就立即下注.不过,这种情况要是不出现,维克托将蒙受损失.这是否可以看作一种抵偿,因为他捞到一点好处的可能性似乎要大得多.

其实不然,它是一种不偏不倚的公平博弈.维克托没有办法捞到好处,不仅如此,他也没有办法失去什么.一切策略都是同样无效的.

这一事实是数学上鞅论中时间停止定理的一个自然推论,它也可以不太困难地用归纳法推论一叠纸牌中红牌与黑牌的张数来建立.但另有一种我将在下文介绍的证法,它肯定就是记录在那本"天书"上的办法①.

设想维克托已选中了一个策略 S,现在让我们把 S 用于和"打赌下一张纸牌,第一个游戏"略有不同的游戏上去.在新游戏中,维克托可以同以前一样,随时打断宝拉,但他下赌注要猜的牌不是下一张牌,而是这叠纸牌的最后一张牌.

当然,在任何给定情况下,最后一张牌是红牌的概率同下一张牌是红牌的概率是一模一样的,从而可知,策略 S 在新游戏中有着同样的数学期望值.

然而,机敏的读者也许已经看出来,新游戏其实是相当无趣的:如果最后一张牌是红牌,那么维克托就会赢,不管他采用什么策略.

---

① 正如许多读者所知晓,已故大数学家保罗·艾尔多什经常谈到上帝手上有本书,它记录着每个定理的最佳证法.我想,艾尔多什如今正在津津有味地拜读这本书,而我们剩下的这些人则尚须待以时日.——原注

在考弗与托马斯(J. Thomas)编著,约翰威立出版公司于1991年出版的一本书《信息论基础》(*Elements of Information Theory*)上载有一篇讨论本游戏的文章,其依据是考弗的一项研究成果——《论通用赌法与柯尔莫哥洛夫–蔡廷的复杂性测量》("Universal Gambling Schemes and the Complexity Measures of Kolmogorov and Chaitin"),刊于1974年10月号的斯坦福大学统计系技术报告♯12. ♥

"下一张红牌"(Next Card Red)游戏的变异形式不禁使我想起多年以前出于讽刺目的、在《哈佛讽刺诗文选》[①](*Harvard Lampoon*)上刊载过的一则游戏.它有个耸人听闻的名称"宽恕与赎罪的伟大游戏"(The Great Game of Absolution and Redemption),参赛者必须在一个类似"大富翁"的棋盘上滚动骰子,直到每个人都走到标有"死亡"的方格子为止.在这种游戏中,谁会是赢家呢?

游戏开始时,你将从命中注定的一叠纸牌里拿到一张牌面朝下的牌.收场时,你得把它牌面朝上,如果上面写着"该死的",那么你就输了.

打赌下一张纸牌,第二个游戏

最后,我们总算有了一个对维克托有好处的游戏,但他能否保证干得更好,使到手的钱不止翻番,而不管纸牌的分布情况究竟如何呢?

---

① 见《哈佛讽刺诗文选》Vol CLⅧ,No.1(1967年3月30日),第14~15页.标题名为"人们戏弄数字的游戏",作者疑为肯尼(D. C. Kenney)与麦克莱伦(D. C. K. McClelland).——原注

有用的想法是首先考虑在"期望"的意义下,维克托的哪些策略是最优的.不难看出,一旦剩下来的牌统统变成同一色时,维克托在游戏的后阶段可以同宝拉打赌任何事情都稳操胜券,能做到这一点的任何策略,我们都认为是"合理"的.显然,任一最优策略都是合理的.

令人惊讶的是,反之亦真:不论维克托的策略是什么,只要他意识到何时纸牌变成清一色,所有的期望值都是一样的! 为了看清这一点,可以首先考虑以下纯策略:维克托在剩下的一叠牌中设想红牌与黑牌的一种特定分布,然后在每次翻牌时同宝拉随心所欲地大胆打赌,想干什么就干什么.

当然,如果采取这种策略,那么维克托几乎总是要"爆棚"破产.但如果他能赢的话,那么他将富得简直可以买下整个地球——因为他带回家的钱将达 $2^{52} \times \$1$,即 1 的后面加 15 个零的 50 倍①.由于存在 $\binom{52}{26}$ 种可能的红、黑牌分布情况,因此维克托的期望收益将是

$$\frac{\$2^{52}}{\binom{52}{26}} = \$9.081\ 3.$$

当然,上述策略是不现实的,然而按照我们的定义,它是"合理"的,更重要的是,每一个合理策略是这种类型纯策略的一个组合.为了看出这一点,不妨设想维克托有 $\binom{52}{26}$ 个毕业生为他干活,每个人都在玩一个不同的纯策略.

---

① 原文如此,但说得不很正确,实际上约为 $8\ 192^4 \approx 4.503\ 599\ 627 \times 10^{15}$.——译者注

我们断言,维克托的每个合理策略都对应于这些助手如何去分配原先 1 美元的赌注.设在某个时刻,他的助手们以 $x 美元赌注押红牌,$y 美元赌注押黑牌,而这相当于维克托自己用 $x-$y 押红牌($x>y$ 时),而以 $y-$x 押黑牌($y>x$)时.

每一种合理策略都产生一个如下的分布.譬如说,维克托打算下注 $0.08,猜第一张牌是红牌,这意味着,猜第一张是红牌的助手们将在 1 美元中摊到 $0.54,而其他人只摊到 $0.46.如果在这次赢了以后,维克托下一步打算把 $0.04 押在黑牌上,这就意味着,摊到 $0.54 的"红—黑"组合要比"红—红"组合多出 $0.04.照这种方式进行下去,最后,每一位助手都将摊到自己的份额.

由于具有同一期望值的策略的任何凸组合也共享这一期望值,因此维克托的每一个合理策略都拥有同样的期望收益 $9.08(扣除本钱 1 美元之后,期望利润为 $8.08).特别地,所有合理策略都是最优策略.

这些策略中,有一个是保证能得到 $9.08 的,这就是把 1 美元赌注平分给各位助手.由于我们永远得不到大于期望值的保证,由此可见这就是可能有的最好的保证了. ♥

策略其实很容易实施(假定美国货币可以无限分割到分、厘、毫……以下的小单位),如果一叠牌里剩下 b 张黑牌,r 张红牌,而 $b \geq r$,那么维克托可以把现有币值的 $\dfrac{b-r}{b+r}$ 押在黑牌上;而当 $r>b$ 时,则把币值的 $\dfrac{r-b}{b+r}$ 押在红牌上.

如果原先的 1 美元赌注不允许无限分割,最多只能分到 1 美分为止,那么事情就将变得更复杂,而维克托的期望值将会减少大约 1 美元.一个动态规划程序[由伊万娜·杜米特留(Ioana Dumitriu)所编制,其人目前在加州大学伯克利分校任教]显示,维克托与宝拉的最佳玩法将是维克托最终赢得 8.08 美元,下列表格显示维克托在游戏的各个阶段所挣的钱数.譬如说,当游戏进行到还剩下 12 张黑牌与 10 张红牌时,维克托应拥有 1.08 美元.在同上面与右面的表格值进行比较以后,维克托应当用 0.11 美元(这时宝拉会让他赢)或 0.12 美元(这种情况下他会输)来下注,赌下一张牌是黑牌.

```
0                                                       101 202 404 808
1                                                       202 303 404 404
2                                                   190 253 303 303 202
3                                   96 134 178 222 253 253 202 101
4                                  132 167 200 222 222 190
5                              101 129 158 184 200 200 178
6                              126 150 171 184 184 167 134
7                          123 144 161 171 171 158 132  96
8                      101 120 138 153 161 161 150 129
9                   83 100 117 133 146 153 153 144 126 101
10                  99 115 129 140 146 140 138 123
11                  98 112 125 135 140 140 133 120
12              97 110 121 130 135 135 129 117 101
13          96 108 118 126 130 130 125 115 100
14          95 106 115 122 126 126 121 112  99  83
15          94 104 113 119 122 122 118 110  98
16      73  83  93 102 110 119 119 115 108  97
17      83  92 101 108 113 116 116 113 106  96
18      91  99 106 111 113 113 110 104  95
19      98 104 109 111 111 108 102  94
20  74  82  90  97 103 107 109 109 106 101  93
21  82  89  96 101 105 107 107 104  99  92  83
22  89  95 100 103 105 103  98  91  83  73
23  94  99 102 103 103 101  97
24  98 101 102 102 100  96  90
25 100 101 101  99  95  89  82
26 100 100  98  94  89  82  74
   26 25 24 23 22 21 20 19 18 17 16 15 14 13 12 11 10  9  8  7  6  5  4  3  2  1  0
```

请注意,维克托在玩这种"100 美分"的离散游戏要比玩连续形式的游戏显得更谨慎、保守,如果他不这样做,而选用他现有币

值的 $\dfrac{b-r}{b+r}$ 的最接近美分数来下注,那么在翻转半叠牌以前,宝拉就早已使他破了产!

我是从印第安纳大学的鲁思·里昂斯(Russ Lyons)那里听到这个谜题的,后者说它来自于弗·佩莱斯,佩莱斯又说来自塞尔久·赫德(Sergiu Hart),赫德说他已记不清楚从哪里听来,但他怀疑马丁·加德纳先生在几十年前早就写过有关的科普文章了.

角斗士,第一个游戏

就像"打赌下一张纸牌"的第一个游戏那样,维克托的所有策略都一样好,并无优劣可言.

为了说明其道理,不妨把武力值转化为金钱.开局时,宝拉的本钱是 $P=p_1+p_2+\cdots+p_m$ 美元,维克托的本钱为 $V=v_1+v_2+\cdots+v_n$ 美元.当武力值 x 的角斗士打败武力值 y 的角斗士以后,前者的团队将可赢得 y 美元,而后者的团队将输掉 y 美元,所以双方的本钱总数始终是不变的.最后,要么是宝拉囊括了 \$P+\$V.维克托输得一文不剩,要么是结果完全颠倒.

关键在于,每次角斗都是一场公平博弈.如果维克托派出一名武力值为 x 的角斗士同对方的武力值为 y 的角斗士进行决斗,那么他的期望经济收益将是

$$\frac{x}{x+y}\cdot\$y+\frac{y}{x+y}\cdot(-\$x)=\$0.$$

因此,整场比赛是一个公平博弈.维克托在收场时的期望值同开局赌注 \$P 是一样的.我们有

$$q(\$P + \$V) + (1-q)(\$0) = \$P.$$

这里的 q 是维克托获胜的概率.由上式可解出 $q = \dfrac{P}{P+V}$,它同比赛中任何一方所采取的策略无关. ♥

本谜题还有另外一个组合数学色彩较浓的证法,设计者是我的一位亲密合作者,伦敦经济学院的格雷厄姆·布莱特威尔(Graham Brightwell).通过有理数近似与去分母,我们可以假定一切武力值都是整数.于是可用指派球的方式,若一个角斗士的武力值为 x,就派给他 x 只球,把这些球垂直地随机排列成一行.两名角斗士对决时,谁的顶上球较高,谁就赢了(发生此事的概率,就等于所规定的概率 $\dfrac{x}{x+y}$),而输家的球,统统归属到赢家名下.

侥幸留在场上的角斗士,他的新的一套球还是随机地排列在一个垂直的纵列里,就好像他是用全套球来开局一样.因而,每场决斗的胜负,同以前发生的事态是无关的,而这正是所需证明的.不论采取什么样的策略,当且仅当全套球中最上面的一只球是维克托的球时他才会取胜,而这件事的发生概率正是所想证明的 $\dfrac{P}{P+V}$.

角斗士,第二个游戏

显然,游戏规则的改变使本游戏的策略考虑同前一则游戏迥然不同,但真的如此吗? 不,不是,情况依然是:各个策略之间不存在差别!

为了说明这个游戏,让我们把上文所说的钱啊,球啊,统统去掉,将它们转化为电灯泡.

数学家们理想中的电灯泡具有下列性质:它的照明时间是全然无记忆的.这意味着,即使知道灯泡已经亮了多少时间,还是绝对无法知道它还将继续亮多长时间.

你可能已经知道具有此种性质的唯一概率分布是指数分布;若灯泡的期望寿命(平均值)为 t,则它在时刻 t 仍在继续燃点的概率为 $e^{-\frac{t}{x}}$.不过,就本谜题而言,不需要什么公式.你需要知道的,只是确实存在着一个无记忆的概率分布就行了.

给出两个期望寿命分别为 x 与 y 的灯泡,第一个寿命超过第二个寿命的概率为 $\dfrac{x}{x+y}$.不用微积分就能看出这一点的办法是,考虑一种使用一个"x 型"灯泡,一个"y 型"灯泡的发光灯具,每当一个灯泡熄灭,我们就用同种类型的灯泡来取代.当一个灯泡真的熄灭时,它是"y 型"灯泡的概率是一个与往史无关的常数.但这个常数必然是 $\dfrac{x}{x+y}$,因为使用了一段长时期以后,使用 y 灯泡与 x 灯泡的个数比必然等于 $x : y$.

回到残酷的罗马式椭圆形竞技场,我们可以设想两名角斗士之间的对抗相当于点亮两个对应的电灯泡,直至其中的一个(对应于输的一方)熄灭为止.然后把对应于赢家的那个灯泡关掉,直到它下一次再出场.由于分布是无记忆的,赢家的武力值在下次决斗时不会改变.用电灯泡代替角斗可能会使观众们兴味索然,很不满意,但它确实是角斗的一个正确模型.

比赛过程中,在任一给定时刻,宝拉与维克托都各有一个点亮的电灯泡,赢者是总的照明时间较长的那个(在他或她的一切灯泡/角斗士中).由于它同灯泡点亮的先后顺序无关,因此维克托获胜的概率同他所采取的策略是毫无瓜葛的(注:同上一个游戏相比,这一概率是关于角斗士武力值的、更为复杂的函数). ♥

　　武力值为常数的游戏出现在喀明斯基(K. S. Kaminsky)、卢克斯(E. M. Luks)和纳尔逊(P. I. Nelson)合著的论文里[请参阅论文《策略,不具备传递性的优超与指数分布》("Strategy, Nontransitive Dominance and the Exponential Distribution"),刊载于《澳大利亚统计杂志》(*The Australian Journal of Statistics*)第26卷第2期(1984年)的第111~118页].至于另一种游戏的由来,我有如下想法:有人很欣赏这个问题,并记住了答案(所有的策略都一样,分不出优劣),却没有把条件记清楚.当他或她试图重新建立起游戏规则时,为了使之成为一个"鞅",自然而然地就引入了继承其力度的条件.

第 *8* 章

算　法

成就,在很大程度上,是稳步提升一个人的抱负和期望水平的产物.

　　——杰克·尼克劳斯(Jack Nicklaus,1940—　　),

　　　《我的故事》(*My Story*)

许多令人着迷的数学谜题都是以算法为主的,在通常情况下,会给你(参与者)提供一个"情境",或提供一些可供选择的运算以及一个要达到的目标状态.在运用所提供的运算过程中,你可能会做些选择,也可能不做.你可能被问到这样的问题:你能够达到这个目标状态吗? 也许还会被问道:你能排除干扰达到目标状态吗? 有时也可能被问道:需要多少个步骤才能达到目标状态?

比较典型的是,运算可能会使情境的某个方面得以改进,也可能会陷入迷途.那么,在这种情况下,你怎么能确定这个目标是否能达到呢?

以下是选自 1961 年第一届全苏联数学竞赛上的一个实例.

阵列中的符号

假如给你一个 $m \times n$ 的实数阵列,而且在任何时候,你都可以变换一行或一列数字的符号.求证:你能够经过整理,使得这些数据所有行的和与所有列的和都是非负的.

通常的做法是:变换"和"为负的行的数字符号,并固定这一行的"和",但这可能会使一些列的原来为正的和改变为负的和,那么在此情况下,你怎样才能确保有进展呢?

这个谜题与以下典型范式中的情形(1)是相一致的.一般情况下,在一个算法中,会给你提供一个当前情境、一个目标状态以及一系列运算.根据以上条件,你可以去修改情境,具体情形如下所列,需要证明的是其中一种情形(但没有确切告知是哪一种):

(1) 有一个(有限的)运算序列能达到目标状态.

(2) 任何一个运算序列最终都可以达到目标状态.

(3) 每个运算序列以同样多的步骤都能达到目标状态.

(4) 任何一个运算序列都不能达到目标状态.

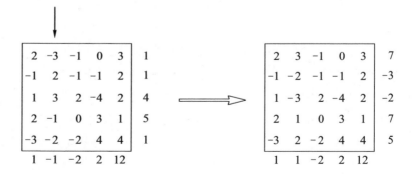

在算法问题中,关键是要找到一个参数 P(某种状态评定的数值表示),该参数 P 以某种方式蕴含了趋向目标所取得的进展.

为了证明(1),你需要证明:总可以用一个运算(或运算序列)来改进 P,直到达到目标状态为止.为了不至于陷入芝诺悖论(Zeno's Paradox)(步骤越来越少,却总是达不到目标值),必须证明 P 至少能改进一定数量,或者只存在有限多个可能情境.

为了证明(2),你需要证明:每个运算都能改进 P,若不然,你就得证明总可以用一个运算来改进 P,直到达到目标状态为止.

为了证明(3),你需要证明:每个运算都能以同等数量来改进 P.

为了证明(4),你需要证明:任何一种运算都不能改进 P,而要达到目标状态,P 又是需要改进的.

现在让我们回到阵列问题上来,可以看出,行或列的个数(和为非负)是个不恰当的参数,因为即使是变换和为负的行或列的数字符号,这个数也可能会减少.取而代之,我们把 P 的值设定为阵列中所有数的和,变换和为 $-s$ 的行可使 P 增加 $2s$,那么 P 就能被写成所有行和的和(对列也同样).由于只可能出现有限多个情形(确切地说,不会超过 2^{m+n} 个),而且每变换一次和为负的行或列,P 就增加一次,因此所有行或列的和可在一系列变换后都成为非负的,即到达目标状态.

这是情形(1)的问题.如果规定只能变换和为负的行或列,那么这一情形也可用来说明情形(2),也就是说,需要证明可通过一系列变换,使所有行(或列)和都是非负的.

对于下面的问题,更多的是要求找到一个有效的参数 P.

疫病传遍整个棋盘

在一个 $n \times n$ 方格板上,小方格间是可以传染的,并按如下页方式传染:如果一个小方格与两个或多个被感染的方格相邻,那么它就会被感染(相邻的两个小方格之间只有一条公共边,因此每个小方格最多只有四个相邻的小方格)

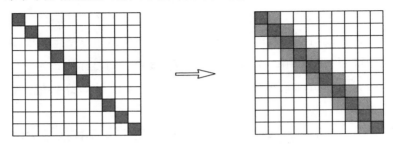

譬如说,要是从主对角线上 n 个感染小方格开始,那么这种感染会扩展到相邻的对角线上,最终波及整个棋盘.

证明:如果从少于 n 个受感染的小方格开始,那么最终就不能传染到整个棋盘.

倒空一个水桶

有三个大水桶,每个水桶中都有整数盎司[①]的某种不挥发液体.在任何时候,都可以从容量多的水桶向容量少的水桶倒入适量

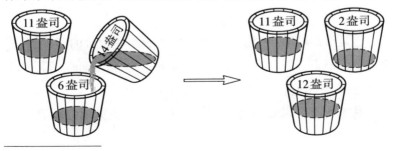

───────────

① 英制中质量单位、容量单位.作为容量单位,1 盎司 $= \dfrac{1}{160}$ 加仑 $\approx 0.028\ 4$ 升(在美国 1 盎司 $\approx$ 0.023 66 升).——译者注

的液体,使后者的容量变为原来的两倍,换句话说,可将含有 x 盎司水桶中的液体适量倒入含有 y 盎司($y \leqslant x$)液体的水桶中,直到后者的容量增至 $2y$ 为止(前者容量减少为 $x-y$).

证明:无论初始的容量是多少,通过以上操作总能倒空一个水桶.

角上的棋子

把四枚棋子放在一个小方格的四只角上.在任何时候,都可以将一枚棋子跳过另一枚棋子,被跳过的棋子不动,把跳过的棋子放在被跳棋子的对面,且保持两枚棋子的距离不变.试问:你能将这四枚棋子移动到一个更大的方格的角上吗?

半平面上的棋子

在 XY 平面上或 x 轴下方的每一个格点上都有一枚棋子.在任何时候,一枚棋子可以跳过与它相邻的棋子(水平的、垂直的或斜线上的相邻棋子)到达下一个格点(如果这个点空着),然后,那枚被跳过的棋子必须立即拿走.

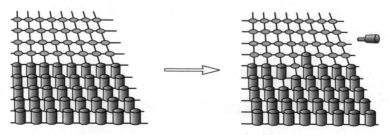

你能把一枚棋子移到 x 轴上方任意远的位置上吗?

方格中的棋子

在一个 $n \times n$ 平面格子上有一些棋子.现在规定,棋子只能水平地或垂直地跳动,并拿走被跳过的棋子,本游戏的目的是将 n^2 枚棋子减少到一枚棋子.

证明:如果 n 是 3 的倍数,那么上述目的就永远达不到.

改变多边形顶点的标号

在多边形的每个顶点上都标有一个数字,这些数字的和是正的.在任何时候,都可以将一个负的标号改为正的.为了保持标号的和不变,要改变与该标号相邻的两个标号,方法是用相邻标号的数值减去该标号的新数值,得到的数值就是相邻标号的新数值.

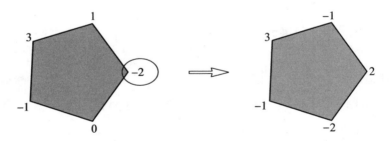

证明:无论改变哪个标号,总可在有限次变动后使所有的标号都是非负数.

排成圆圈的灯泡

在圆圈上排着 n 个灯泡,按从 1 到 n 的顺序排列着,一开始,所有的灯都是开着的.在 t 时刻,检查 t 号灯,并按如下方式进行操作:如果 t 号灯是开着的,那么就改变 $t+1$(模 n)号灯的状态,即如果 $t+1$ 号灯是开着的,那么就关掉它;如果 $t+1$ 号灯是关着的,那么就把它打开;如果 t 号灯是关着的,那么就什么事情都不做,顺其自然.

证明:按照上述方式绕着圆圈操作下去,最终可使所有的灯都再度开着.

多面体上的小虫

想象一下,在凸的固体多面体的每个表面上都有一只小虫,这些小虫以不同的速度沿着表面的周边顺时针爬行.

证明:在小虫之间不相撞的条件下,不存在"可使所有小虫环行自己所在的表面,并回到初始位置上"的路线.

数轴上的小虫

在数轴的每个正整数位置上都装有一盏绿灯、黄灯或红灯.在"1"点处放上一只小虫,小虫遵循以下规则爬行:如果小虫看到的是绿灯,就把绿灯转为黄灯,同时向右移动一步;如果小虫看到的是黄灯,就把黄灯转为红灯,同时向右移动一步;如果小虫看到的是红灯,就把红灯转为绿灯,同时向左移动一步.

这只小虫最终要么落在"1"点的左边,要么无限地向右跑去.接着,在"1"点处放第二只小虫,第二只小虫也同样遵循上述爬行规则.紧接着,又放第三只小虫,第三只小虫也同样遵循上述爬行规则.

证明:如果第二只小虫落在"1"点的左边,那么第三只小虫必将无限地向右跑去.

分割巧克力块

有一块长方形的巧克力,标有 $m \times n$ 个小方块,现在要把这块巧克力分割成标出的那些小方块.通常可以这样来分:在每步中,从巧克力块中选出一块,然后沿着垂直或水平标痕将这部分分开.最后,经过一系列的步骤可将巧克力块分割成 $m \times n$ 个小方块.

证明:每种分法都需要同样多的步骤.

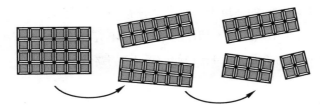

解答与注释

疫病传遍整个棋盘

这个可爱的问题曾于 1986 年左右出现在苏联杂志 *KVANT* 上,后来流传到了匈牙利.当最初的小方格数是随机选取时,这个过程又被称为"二维自渗透".加拿大不列颠哥伦比亚大学的安德·霍尔罗伊德已对这一过程作了完美的数学分析[请参阅《概率论及有关领域》杂志(*Probability Theory and Related Fields*)第 125 卷第 2 期的第 195~224 页].这里选取的这个谜题是从纽约大学的乔尔·斯宾塞(Joel Spencer)那里得到的,被戏称为"一句话的证明"! 这当然有点夸张.

对解题者来说,他们容易被对角线的例子所误导,而常常会试着去证明"在每一行(或列)中,最初必定有一个被传染的方块",其实,上述想法同待证明的事实相去甚远,譬如说,像下页图呈现的这种传染方式也会扩展到整个棋盘.

事实上,通过 n 个传染方格来传染整个棋盘,可以有无数种方法.但是,要是从小于 n 的情况开始,那么就无法传染整个棋盘了.这里需要一个奇妙的参数 P,那参数 P 又是什么呢?

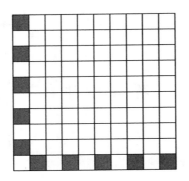

这个参数 P 就是周长！当一个方格被传染时,该方格至少会有两条边进入传染区域,最多会有两条边加到传染区域的边界上,因而,传染区域的周长不会增加.既然整个盘面的周长为 $4n$（假设每个格子的边长为 1 个单位）,那么最初传染区域必须至少包含 n 个方格. ♥

一个补充练习是为那些感兴趣的人准备的.试证明:即使当盘面的底部和顶部连接起来形成一个柱面时,要传染整个盘面最初也必须有 n 个被传染的小方格.如果这些边连接起来形成一个环面,那么最初有 $n-1$ 个被传染的小方格就足够了（也是必须的）,而在此情况下,周长就不再起参数作用了.另一种方法是由布鲁斯·里奇特(Bruce Richter)（滑铁卢大学）和本书作者发现的,由它解决了问题.

倒空一个水桶

这个漂亮的问题来自苏联,最初出现在 1971 年在里加举行的第五次全苏联数学竞赛上,在 1993 年的帕特南考试上又出现过,不过当时的问题减少了些硬件条件.我是通过微软研究中心的克里斯蒂安·博格(Christian Borgs)接触到这个问题的.这里,我将给出两种解法:一种是我自己给出的一个组合方法;另一种是由瑞典乌普萨拉大学的斯凡特·詹森(Svante Janson)给出的优美的数论方法[也是由加思·佩恩(Garth Payne)独自发现的].在这两种方法当中,要是其中有种方法是当初所拟定的,我就不知道究竟是哪种方法了.

在斯凡特的解法中,P 是一个特殊水桶所装液体的容量,要证明的是,通过一系列操作,P 总可以减少到零.而在我的方法中,我要说明的是 P 总是可以被增加的,直到其他一个水桶倒空为止.

在后面的解法中,首先要指出,可以假设在操作过程中正好有一个水桶中存有奇数盎司的液体.这是事实,因为如果水桶所含的液体容量都是偶数,我们可以用 2 的乘方进行量的缩减;如果有不止两个水桶的容量是奇数,那么其中两个桶只要用一步就可以使它们的容量缩减到 1 或 0.

其次,要说明的是,如果有一个水桶含奇数容量,另一个含偶数容量,我们总可以反过来做,也就是说,先从含偶数容量的水桶中取一半液体倒到含奇数容量的水桶中.这是由于,每种状态至多通过另外一种状态就可以到达,这样,只要采取足够的步骤,就一定可以绕回到初始状态.在返回原状态之前的那个状态就是你所采取的"相反步骤"的结果.

最后,我们来讨论一下,只要没有空桶,含奇数容量桶的容量总是可以增加的.如果有一个桶其容量可以被 4 整除,那么我们可以将这个水桶的一半容量倒入含奇数容量的水桶之中;如果没有一个桶其容量可以被 4 整除,那么就在两个含偶数容量的水桶之

间采取一个前进的操作来制造一个这样的水桶. ♥

下面给出的是斯凡特的解法,用他的原话来说:

"在水桶上标出 A、B、C,以及相应的液体的初始容量 a、b、c 盎司,其中 $0 < a \leq b \leq c$,我们可以通过一系列的操作来改变三个桶的容量,使其中的最小量小于 a,如果这个最小量是零,那么问题就得到了证明.否则,我们必须重新标记和重复操作.

"令 $b = qa + r$,其中 $0 \leq r < a, q \geq 1, r, q$ 是整数.将 q 写成二进制形式,$q = q_0 + 2q_1 + \cdots + 2^n q_n$,其中每个 q_i 是 0 或 1,$q_n = 1$.

"进行 $n+1$ 次操作,并把这些操作分别标记为 $0, 1, \cdots, n$,遵循以下规则:在第 i 次操作中,如果 $q_i = 1$,那么我们就把液体从 B 中向 A 中倒;如果 $q_i = 0$,就把液体从 C 中向 A 中倒.因为我们总是在向 A 中倒,所以 A 的容量每次都会翻倍增加.这样,在第 i 次操作前,A 的容量为 $2^i a$ 盎司,从 B 中倒出的总量为 qa,那么在 B 中就剩下 $b - qa = r < a$(盎司),而从 C 中最多倒出 $\sum_{i=0}^{n-1} 2^i a < 2^n a \leq qa \leq b \leq c$,因此在 C(和 B)中总是有足够的液体来进行这些操作." ♥

据我所知,还没有人知道解决这个问题到底需要多少个步骤,哪怕大约是多少步也无人知晓(无论开始状态有多糟,包括开始有 n 盎司液体).就问题解决的步骤来说,我的解法证实了 n^2 步就足够了.不过,斯凡特的方法要做得更好些,将步骤的数量确定为一个常数的 $n \log n$ 倍.不过,真正的答案也许会更小.

角上的棋子

这个有意思的谜题是 AT&T 实验室的米考 · 舍汝普

（Mikkle Thorup）让我注意到的，米考是从阿萨夫·纳欧（Assaf Naor）（现为微软公司的一个博士后研究人员）那儿听来的，而阿萨夫又是从毕业于耶路撒冷希伯来大学的一个毕业生那儿听来的.

首先，需要说明的是：如果这些棋子开始时在格点上（也就是盘面上整数坐标的点），那么它们将会一直处于格点上.

特别是，如果这些棋子最初位于一个单位方格的角上，那么它们一定不会落在更小的方格的角上，因为没有更小的方格的角是在格点上了，但为什么也不能落在更大的方格的角上呢？

原因在于：跳步是可逆的！如果能够到达一个更大的方格的角上，那么就可以把这一过程逆转过来，也就是可以到达一个更小的方格的角上，由上述可知，不可能落在更小的方格的角上. ♥

半平面上的棋子

这个问题是《稳操胜券（下）》（*Winning Ways*，Vol.2）中一个问题的变式.我们认为该问题是由第二作者约翰·康威设计的，在他的那个问题中，不允许有对角线方向上的跳步.即便如此，将一枚棋子跳到直线 $y=4$ 上并没有太大困难，但不能跳到更高的位置上，以下论述将说明这一点.

不管是否允许有对角线方向的跳步，主要困难在于：当棋子跳到更高位置时，在其位置以下的格点就变空了.在这里，我们需要确定一个参数 P，把 P 看作是高位置处棋子的"奖赏"，下方空缺位置的"处罚"，因此，很自然地我们会把参数 P 选为所有棋子的某个位置函数之和，因为总共有无限多枚棋子，所以我们千万要谨慎，必须确保和的收敛性.

例如,我们可以将 $(0,y)$ 上的一枚棋子赋值 r^y,其中 r 是大于 1 的实数.在 y 轴负半轴上的棋子的值的和是一个有限的数 $\sum_{y=-\infty}^{0} r^y = \dfrac{r}{r-1}$.为了保证整个平面总和是有限的,毗连的纵列上的值将不得不减少.如果在离开 y 轴的每一步中都约去 r 的一个因子,那么我们可以得到点 (x,y) 处棋子的一个权 $r^{y-|x|}$,以及初始位置的所有棋子的总权重为 $\dfrac{r}{r-1} + \dfrac{1}{r-1} + \dfrac{1}{r-1} + \dfrac{1}{r(r-1)} + \dfrac{1}{r(r-1)} + \cdots = \dfrac{r^2+r}{(r-1)^2} < \infty$.

跳一步至多(当这个跳步是在对角线方向上并朝向 y 轴方向时)获得"奖赏"(对 P)vr^4 和"处罚"$v+vr^2$,其中 v 是跳的棋子先前的值,只要 r 不超过黄金分割比 $\theta = \dfrac{1+\sqrt{5}}{2} \approx 1.618$ 的平方根,θ 满足方程 $\theta^2 = \theta+1$,那么总的获得量(对 P)就不会是一个正数.

接下来,假设 $r=\sqrt{\theta}$,那么 P 的最初值算出来估计是 39.057 6 左右,而在 $(0,16)$ 上的棋子的值则是 $\theta^8 \approx 46.978\ 8$.由于我们不能增加 P,因此我们不能使一枚棋子落在点 $(0,16)$ 上,事实上,如果我们能使一枚棋子落在直线 $y=16$ 上或直线上面的任何一个点处,那么当有棋子落在点 $(x,16)$ 时,我们就能拦住一枚棋子,使其落在点 $(0,16)$ 上,然后,通过向左或向右平移 $|x|$ 来重复整个算法. ♥

加州大学欧文分校的丹·赫斯伯格(Dan Hirschberg)最近证明了:如果允许沿对角线方向跳步,那么能达到的最高点可以落在直线 $y=8$ 上.

方格中的棋子

实际上,有多种方法可以解决这个谜题,该谜题是 1993 年国际数学奥林匹克竞赛上的一个问题的一部分.下面所给出的证明是由普林斯顿大学的班尼·苏达科夫(Benny Sudakov)提供给我的.

将网格上的点 (x, y) 着色,如果 x 和 y 都不是 3 的倍数,那么就把该点着为红色,其余的点着为白色,这样就形成了有规则的 2×2 方块模式(如下图所示).

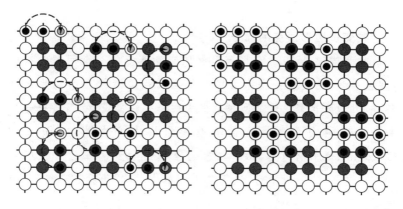

如果两枚棋子是或纵或横地相邻的,且都在红点上或都在白点上,那么棋子跳过之后将在白点上;如果一枚棋子在红点上,另一枚在白点上,那么这枚棋子跳过之后将在红点上.如果操作是从有偶数枚棋子在红色方块上的结构开始,那么不管怎么跳,仍然会保持上述性质.

容易看出,3×3 块的棋子,不论放在平面上何处,总会碰到偶数个红点.由于 $n \times n$(n 是 3 的倍数)方格平面中含有 3×3 个方格,因此在 $n \times n$ 方格中的棋子也总会碰到偶数个红点.假设可

以将 $n \times n$ 方格中 n^2 枚棋子缩减到一枚棋子,那么我们就可以移动最初的棋局使剩下的棋子落到一个红点上,而这与上述性质相抵触,从而命题得证. ♥

在更为一般的情况下,需要证明的是:如果 n 不是 3 的倍数,$n \times n$ 方格中 n^2 枚棋子也能缩减到一枚棋子.不过,这并不容易做到,而且启发性也不强.奥林匹克竞赛的题目是要求参赛者准确判定出 n 的值,使 $n \times n$ 方格中 n^2 枚棋子是可以缩减到仅剩一枚的.当然,当场解答出来是相当棘手了!

改变多边形顶点的标号

这个谜题是 1986 年国际奥林匹克竞赛上的一个问题的推广(我被告知,它是由一个来自民主德国的供题者提出的),后来被称作"五边形问题".这个问题至少由两个人独立设计过,其中一个是普林斯顿大学计算机科学教授伯纳德·查泽尔(Bernard Chazelle).这个问题有许多解法,甚至能进一步从 n 边形推广到任意的连通图中去.不过,以下给出的解法堪称"优雅"与"粗犷"的完美结合.

用 $x(0), \cdots, x(n-1)$ 来表示标号(对模 n 取同余),标号总和为 $s > 0$,定义一个二重的无穷序列 $b(\cdot)$,其中 $b(0) = 0$,$b(i) = b(i-1) + x(i \bmod n)$,序列 $b(\cdot)$ 虽然不具有周期性,却是周期性上升的,$b(i+n) = b(i) + s$.

如果 $x(i)$ 是负的,$b(i) < b(i-1)$,为了使 $b(i)$、$b(i-1)$ 的次序呈递增状态,那么需要改变 $x(i)$ 的符号,这实际上等同于用 $b(i-1)$ 切换 $b(i)$.对于所有对 $b(j)$、$b(j-1)$(是从 $b(i)$、$b(i-1)$ 中用 n 的倍数进行移位的)也可以做同样的切换.因此,通过邻近

调换,翻动标签就相当于对 $b(\cdot)$ 的分类.

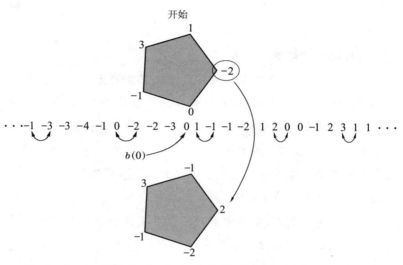

探寻这一分类过程,还需要一个有限的参数 P 来衡量 $b(\cdot)$ 无序的程度.为了达到这一目的,令 i^+ 是所有满足以下性质的 j 的总数:当 $j>i$ 时,$b(j)<b(i)$,令 i^- 是所有满足如下性质的 j 的总数:当 $j<i$ 时,$b(j)>b(i)$.注意到,i^+ 和 i^- 都是有限的,且仅依赖于 i(模 n),观察到 $\sum_{i=0}^{n-1} i^+ = \sum_{i=0}^{n-1} i^-$,我们就把这个总和作为那个奇妙的参数 P.

当 $x(i+1)$ 被改号,i^+ 减少1,所有其他 j^+ 不变,则 P 减少1. 当 P 达到0时,这个序列就被完全分类,因此所有的标号都是非负的,达到目标状态,整个过程结束.

再强调一点,实际上,不管怎样选择标号,整个过程都是在相同数量的步骤下完成的,而且,最后的结构与选择无关!原因在

于,只有一种 $b(\cdot)$ 分类,从初始序列 $b(i)$ 开始,必在 $i+i^+-i^-$ 位置结束. ♥

排成圆圈的灯泡

这个谜题是 1993 年国际数学奥林匹克竞赛上的一个问题的一部分.由于 n 的值不确定,最好的方法是去证明(正如我们在倒空水桶问题中的证明那样)状态空间本身就是一个循环.

我们首先观察到,根本不必担心所有的灯都会关掉,因为在 t 时刻改变灯的状态时,t 号灯仍是开着的.而且,如果在 t 时刻后来看圆周上各个灯的状态,我们就可以推演灯开着的状态.由于只有有限多个可能的状态(需要考虑到哪个灯正被检查以及哪个灯是开着的),所以我们最终会第一次看到重复的那个状态.假设这样的事件是发生于 t_1 时刻,也就是说在 t_1 时刻重复先前 t_0 时刻的状态,其中 t_1 和 t_0 之差是 n 的某个倍数.那么,在 t_1-1 时刻的状态就与 t_0-1 时刻的状态相同,从而导致矛盾,要消除矛盾,除非没有 t_0-1 时刻,那就意味着 t_0 为 0,被重复的状态就是所有的灯都开着. ♥

多面体上的小虫

这个谜题出现在安东·克雅奇科(Anton Klyachko)的论文"A Funny Property of Sphere and Equations over Groups"中[发表于《代数通讯》杂志(*Communications in Algebra*)第 21 卷第 7 期(1993 年)第 2555～2575 页].为了解决这个问题,我们要做的实际上就是把前面谜题中的做法反过来,也就是说,要证明某个参数在同一方向上一直在变,因此,我们是返回不到初始状态的.

让我们先观察一下,我们可以假设,没有小虫是从顶点开始爬动的(通过轻微地推动或阻碍小虫),我们也可以假设,小虫一次移动一下,每次穿过一个顶点.

在任何时候,我们都可以画一个设想的箭号,箭号从每个面 F 的中心开始,穿过 F 上的小虫,然后到达小虫另一侧面的中心.如果我们从任一面开始,顺着这些箭号,我们最终必定会第二次进入一些面,完成多面体上的一个箭号循环.

这个循环将多面体的面分成两部分,将循环的"内侧"定义为循环顺时针方向的那部分.令 P 为内侧循环包含的多面体的顶点数,最初 P 可能是从 0 到所有(n)多面体顶点数中的任一数字.P 取最大值的情况是,有两只小虫在同一条棱上,循环的长度为 2.当 $P=0$ 时,有两只小虫面对面,并一定相撞.

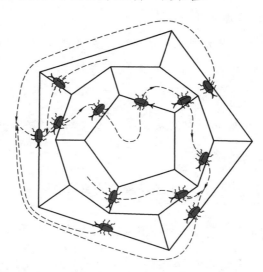

当在循环上的小虫移动到下一条棱上时,箭号就会穿过小虫,然后旋转到右边,它所经过的顶点原先是在循环的内侧,现在

却在循环的外侧,其他顶点也是经历从循环的内侧到外侧的过程,但是,没办法使一个顶点从外侧移到内侧.为了说明这一点,注意,新箭号现在是指向循环的内侧,从新箭号箭头上流出的箭号链是不会流出这个循环的,因此,必定会与某个循环箭号的尾部相撞,从而在更小的范围内形成一个新的循环.如此一来,P 就至少减少了 1.

因为不能将 P 还原到初始值,所以除了希望小虫曾经买过"碰撞保险",别无其他指望了. ♥

数轴上的小虫

我们首先要确信,小虫要么落在"1"点的左边,要么无限地向右跑去,不会总是处于徘徊之中.否则,小虫必会无数次地"光顾"一些数,令 n 是那些数中最小的数,可以观察到,每三次"光顾"到点 n 时,都会发现 n 处是红灯,这样就会使小虫必"光顾"到点 $n-1$,与假设(点 $n-1$ 处只被有限次"光顾")相矛盾.

有此认识之后,为了铺平道路,一个有效的方法是,将绿灯看作数 0,红灯是数 1,黄灯则是 $\frac{1}{2}$,灯的状态结构看作 0 与 1 之间的一个数,其二进制形式为 $x=.x_1x_2x_3\cdots$,那么在数值上就是 $x=x_1\left(\frac{1}{2}\right)^1+x_2\left(\frac{1}{2}\right)^2+\cdots$,把点 i 处的小虫看作 i 位置上外加一个 1,定义 $y=x+\left(\frac{1}{2}\right)^i$,这样运算出来的 y 是一个不变量,即当小虫移动时,它是不变的.当小虫从点 i 移动到右边时,i 位置上的数值就增加 $\frac{1}{2}$,所以 x 增加 $\left(\frac{1}{2}\right)^{i+1}$,但小虫自身的值则减小相同的数量.当小虫从点 i 移动到左边时,小虫自身的值将增加 $\left(\dfrac{1}{2}\right)^{i}$,而 x 则将在 i 位置上丢失一个 1,以保持平衡.

但有个例外:当这只小虫落在"1"点的左边时,x 和小虫自身的值都下降 $\dfrac{1}{2}$,总共就会减少 1.当下一只小虫被放到"1"点后,y 则上升 $\dfrac{1}{2}$.换句话说,如果引进一只小虫,并在右边消失,x 的值就增加 $\dfrac{1}{2}$;如果引进一只小虫,并落在"1"点的左边,那么 x 的值就减少 $\dfrac{1}{2}$.

当然,x 必须永远落在单位区间内.如果 x 的初值严格地落在 0 到 $\dfrac{1}{2}$ 之间,小虫必会右、左、右、左地交替移动;如果 x 的初值严格地落在 $\dfrac{1}{2}$ 和 1 之间,那么小虫将会左、右、左、右地交替移动.其他情形也同样可以得到验证.如果最初 $x=1$(所有点都为红灯),第一只小虫把点 1 的红灯转变为绿灯,并落在"1"点的左边;第二只小虫最终向右无穷远处离去,再次使所有点处的灯都转变为红灯,因而交替方式将是左、右、左、右;如果最初 $x=0$(所有点都为绿灯),小虫开始是右、右(所有点都变为黄灯,然后是红灯),然后是左、右、左、右地交替移动,如前面那样.

$x=\dfrac{1}{2}$ 的情况是最为有趣的.在我们所用的二进制记数法中,可用多种方式来表示 $\dfrac{1}{2}$:在 $x=x_{1}\left(\dfrac{1}{2}\right)^{1}+x_{2}\left(\dfrac{1}{2}\right)^{2}+\cdots$ 中,x_{i} 可

以都是 $\frac{1}{2}$，也可以是从有限多个（包括 0）$\frac{1}{2}$ 开始，接下来是 0111… 或 1000….在第一种情况下，作为领头羊的那只小虫把所有的黄灯变为红灯，嗡嗡地飞向右边，因此我们得到的是一个右、左、右、左的交替形式；第二种情况很类似，第一只小虫飞向右边，再次使所有点处的灯变为红灯；在第三种情况下，小虫把黄灯转为红灯后，就走了，但当它遇到红灯时，它又返回来，向左一路上把红灯转为绿灯，最后落到"1"点的左边.之后，我们考虑的是 $x=0$ 的情况，因此最后是以左、右、右、左、右、左、右的模式进行交替.

综合以上所有的情况，我们可以确认，每当第二只小虫落在"1"点的左边时，第三只必将向右离去.   ♥

这个完美的分析是由加拿大不列颠哥伦比亚大学的安德·霍尔罗伊德和美国威斯康星大学的吉姆·普罗普（Jim Propp）在2003 年加拿大阿尔伯达省的班夫市初等教育学院的一个会议上给出的，用小虫运动来模拟随机游动整个过程是由普罗普所建议的.

在一个模拟的确定性随机游动中，每走一步都是非负整数，且相互独立，向左的概率为 $\frac{1}{3}$，向右的概率为 $\frac{2}{3}$.如果以这种方式行走，那么任一给定的小虫都会以相同的概率落在"1"点的左边或无限地向右离去.正如我们所看到的那样，继第一对小虫之后，这一确定性模型给出了一个严格的交替方式，上述一系列论证可以推广到其他随机游动过程中去.

分割巧克力块

据说，这一如此简易的谜题曾使一些很有实力的数学家花费了一整天的时间去思考,直到最后在一片叹息与无数次头撞墙壁之后才恍然大悟.不过,我宁愿冒着被人指责为"虐待狂"的风险,还是省略了它的解法.

第 *9* 章

更 多 的 游 戏

> 游戏的一半蕴含着 90% 的智力.
>
> ——丹尼·欧扎克(Danny Ozark),菲利斯棒球队经理

分析一个游戏实际上需要解决两个困惑:找到一个好的策略和寻求一个好的论证(或给后手玩家一个好的策略),来说明找到的策略是所有可能采取的策略中最好的一个.

从以下游戏中,你或许能在分析游戏方面收获些许,现在来看看下面这个看似简单的谜题吧.

咀嚼问题

两个玩家轮流去咬 $m \times n$ 的长方形巧克力(用单位正方形标记).每次咬都包含以下两步:先选择一个小正方形,然后咬掉包括该正方形以及该正方形右边、右上边和上面等部分的正方形.每个玩家都要避开左下角的那个有毒的正方形.

证明：如果这块巧克力包含不止一个正方形，那么先手必有获胜的策略.

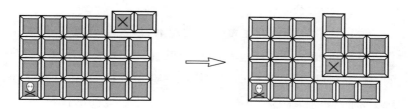

解答　先手（爱丽丝）或后手（鲍勃）之一必有一个取胜策略. 假定是鲍勃有获胜策略，那么，特别是当爱丽丝仅咬掉位于右上角的那个正方形时，鲍勃对爱丽丝这一初始动作就有获胜的对策.

但是，无论鲍勃有什么样的对策，爱丽丝都可以以此对策作为她的起始动作，因此与鲍勃总能赢这一假设相矛盾，所以有获胜策略的人必然只能是先手爱丽丝.

这种类型的证明称为策略盗用论证，遗憾的是，这一证明并没有告诉你，爱丽丝实际上是如何赢得这种游戏的. 更多有关咀嚼问题，包括它的来历和更一般的形式将在最后一章给出.

在下面的谜题中将会出现各种各样的解决方法.

决定性扑克牌游戏

爱丽丝和鲍勃不满于反复无常的多变现象，因此，他俩选择了一种完全决定性的抽牌游戏. 将一副牌牌面朝上铺展在桌面上，爱丽丝先抽取 5 张牌，接着鲍勃也抽取 5 张牌. 爱丽丝打出几张（1—5 张均可）牌（打出的牌将不再在游戏中使用），再补充同样张数的牌. 鲍勃也以同样的方式抽牌和出牌. 在这里，对于牌面朝上的牌来说，对方抽取什么样的牌都是公开的. 最后，谁手上有更好的牌谁就是赢家.因为爱丽丝先抽牌,所以又额外规定:如果两个人最后一手牌一样大,那么鲍勃就是赢家.

那么,谁会获胜呢?

决定性扑克牌游戏是全信息性游戏,涉及隐藏信息、同时动作以及随机策略.要是其他人策略不变,而又没人能通过改变自己的策略而获胜,那么我们就把这样的一套策略(一个策略对一个玩家)称为处于"平衡"状态之中,例如,在"石头、剪刀、布"游戏中,(唯一的)平衡策略要求每个玩家在三个选项中以相同的概率进行选择.

瑞典彩票

在提议的瑞典彩票机制中,每个参与者选一个正整数,如果其中一个参与者选择的数最小,且这个数又没有其他人选择的话,那么此人就是赢家(如果没有一个数恰被唯一玩家选取的话,那么就没人获胜).

如果只有三个人参与,每个人采取的都是最佳的、平衡的、随机的策略,那么有一定选中概率的最大数是多少?

薄煎饼游戏

爱丽丝和鲍勃又饿了.现在,在他们面前堆着两堆薄煎饼,高度分别为 m 和 n.两个人轮流吃,规则是从大的一堆中吃掉少的一堆的倍数(非零).不过,每堆薄煎饼的最下面一张都没有烘透,因此先吃完一堆的玩家就是输家.

对于哪些数对 (m,n),爱丽丝(先吃)有获胜的策略?

如果游戏的规则反过来,谁先吃完一堆是赢家,情况又会怎样呢？

差数的确定

爱丽丝和鲍勃吃完早饭后，为了消遣放松做了一个简单的数字游戏.爱丽丝选择一个数字，鲍勃就用这个数字代替式子"＊＊＊＊－＊＊＊＊"中的一个星号，两个人交替进行，爱丽丝试图使最终的差数最大，鲍勃则力图使差数最小，那么怎样才能玩得最好？差数又将是多少？

三人决斗①

爱丽丝、鲍勃和卡罗尔准备决斗一场.三人中，爱丽丝的射击水平最差，平均射中率为 $\frac{1}{3}$，鲍勃要好一些，平均射中率为 $\frac{2}{3}$，卡罗尔技术最好，百发百中.

他们轮流射击，先是爱丽丝，再是鲍勃，接着是卡罗尔，然后回到爱丽丝，如此下去，直到最后只剩下一个人，那么，什么是爱丽丝的最佳行动策略？

---

① 决斗是过去西方流行的一种解决争端的方式，一般为两人决斗.当两人发生争端，各不相让时，约定时间、地点，并邀请证人，彼此用武器决定胜负.随着社会的进步、制度的完善和法律的约束，这种原始且残忍的对抗方式已逐渐消声匿迹.——译者注

解 答 与 注 释

决定性扑克牌游戏

对于这个谜题,首先需要了解每手扑克牌的胜负规定,即最好的一手牌的类型是同花顺子(同一花色的五张牌,点数成连续数).所谓"王中王"同花顺子(即 AKQJ10)要比以 K 为首的同花顺子大,其他情况可依此类推.

那就意味着,如果鲍勃抽到"王中王",那么爱丽丝就彻底输掉了.因此爱丽丝为了有获胜的机会,她最初要抽的一手牌中必须有四张牌分别从四种花色中抽取的.

为了达到这个目的,每种花色中最好的牌是 10,因为它限制了所有的以 10 为最大或更好的顺子.其实你思考一下就会明白,爱丽丝有 4 个 10 的任何一手牌都会赢,而此时鲍勃就不能指望得到一手比以 9 为最大的同花顺子更好的顺子了.为了阻止爱丽丝得到大顺子,鲍勃必须从每一种花色中至少抽取一张大牌,这样,鲍勃手中的牌就最多只有一张牌比 10 小.现在爱丽丝可换四张牌,使以 10 为最大的顺子处于同花色(不同于鲍勃的小牌花色),而鲍勃则无计可施,只好认输了. ♥

爱丽丝还有其他赢牌的方法,这个奇妙的游戏出现在马丁·加德纳专栏的早期作品里[1].

瑞典彩票

假设 k 是任何玩家都愿意去竞争的最大的数.如果一个玩家选择 k,其他两人都选另一个数,他就赢了,除非是其他两个玩家也选择 k.但如果他选择 $k+1$,那么只要其他两个玩家选择一致,他就会赢,因此 $k+1$ 要比 k 更好.进而说明,我们的策略始终不能处于"平衡"状态.得出的这个矛盾说明,有时必须考虑选取很大的数目,譬如说可能要选择 1 487 564 这样大的数.　　♥

实际的平衡策略需要每个玩家选中数字 j 的概率为 $(1-r)r^{j-1}$,这里 $r=-\dfrac{1}{3}-\dfrac{2}{\sqrt[3]{17+3\sqrt{33}}}+\dfrac{\sqrt[3]{17+3\sqrt{33}}}{3}$,大约为 0.543 689.选择 $1,2,3,4$ 的概率分别约为 0.456 311,0.248 091,0.134 884 和 0.073 335.

这是我从瑞典哥德堡查尔莫斯大学的欧尔·哈格斯特罗(Olle Häggström)那儿注意到的相当完美的彩票主意.我不知道它是否被实施过,或正式地被官方彩票机构考虑过,难道你不认为该主意应该给予考虑吗?

薄煎饼游戏

假如饼堆的大小分别为 m 和 n,其中 $m>n$,如果饼堆大小的

---

[1]　指数学科普大师马丁·加德纳先生在《科学美国人》杂志上逐期连载的《数学游戏》专栏,该专栏持续时间长达四分之一个世纪.——译者注

比 $r=\dfrac{m}{n}$ 是严格地落入 1 和 2 之间,那么必有下一步吃的动作,而后产生新的比 $\dfrac{1}{r-1}$①,只有当 $r=\phi=\dfrac{1+\sqrt5}{2}\approx1.618$(也就是黄金分割比)时两个比才相等,既然 ϕ 是无理数,比 r 和 $\dfrac{1}{r-1}$ 中必有一个大于 ϕ,而另一个小于 ϕ.

当最初的比 r 大于 ϕ 时,第一个玩家(爱丽丝)就是赢家.以下论述说明了这一点.假如 $m>\phi n$,但 m 不是 n 的倍数,记 $m=an+b$,这里 $0<b<n$.那么,或者 $\dfrac{n}{b}<\phi$,在这种情况下,爱丽丝吃了 an;或者 $\dfrac{n}{b}>\phi$,在这种情况下,她只吃 $(a-1)n$.这就使鲍勃只能有比 ϕ 小的比以及被迫重新生成一个比 ϕ 大的比.

最终,爱丽丝可在某点使她的比 $\dfrac{m}{n}$ 成为一个整数,此时,她可将饼堆缩减到两堆相等,从而迫使鲍勃去吃没有烘透的薄饼.注意,如果她愿意的话,她也可以为自己攫取一整堆饼.

当然,如果反过来,爱丽丝的比 $\dfrac{m}{n}$ 是严格地落在 1 和 ϕ 之间,那么她就处于被动局面,而鲍勃在后面的游戏中就处于主导地位.

总之,无论用什么样形式的薄饼来做游戏,如果薄饼堆高度是 $m>n$,那么当 $\dfrac{m}{n}>\phi$ 时,爱丽丝就一定会获胜;如果高度相同,那么游戏的规则就至关重要了. ♥

———————

① 原文在此处及下文中为 $\dfrac{1}{1-r}$,实际上应为 $\dfrac{1}{r-1}$,下文同.——译者注

这个谜题曾出现在 1978 年在塔什干举行的第十二届全苏联数学竞赛上,是马里兰大学的比尔·格萨奇(Bill Gasarch)提示我注意的.

差数的确定

记差为 $x-y$,其中 $x=abcd$,$y=efgh$,在游戏的任何时刻,令 $x(0)$ 是在 x 中用 0 代替剩下的星号的结果,$x(9)$、$y(0)$ 和 $y(9)$ 相类似.在鲍勃将数字放在位置 a 上或位置 e 上之前,爱丽丝可通过选择些 5 和 4 来保证差数至少为 4 000.一旦鲍勃在位置 a 上放数字,爱丽丝在后面的游戏中就选 0;倘若鲍勃在位置 e 上放数字,她在后面的游戏中就全都选 9.在任何时候,如果爱丽丝选择 5,考虑到鲍勃可能将 5 放在位置 e 上,所以她必须保证 $x(9) \geqslant y(9)$.同理,在任何时候,如果她选择 4,考虑到鲍勃可能将 4 放在位置 a 上,所以她必须保证 $x(0) \geqslant y(0)$.具体来说,她可以采用如下的做法:

当 x 和 y 同样时,爱丽丝可选择 4 或 5.在其他情况下:令 u 和 v 分别表示 x 和 y 右边位置的符号,其中 x 和 y 在此位置的符号表示是不同的,如果 $u=*$(其时 $x(9)>y(9)$),那么爱丽丝就选择 5;如果 $v=*$(其时 $x(0)>y(0)$),那么她就选择 4;绝不会发生 $u=4$,$v=5$ 的情况.而若 $u=5$,$v=4$,则 $x(9)>y(9)$,$x(0)>y(0)$ 都将成立,此时爱丽丝选"4"或选"5"都行.

另一方面,鲍勃可以很轻松地保证得到 4 000,方法是,直接将 4 或更小的数字放在 a 上,或将 5 或更大的数字放在位置 e,然后空出另外一个首位星号而等待非零(第一种情况)或非 9(第二种情况)的数字,如果没有更好的结果,他可以得到 4 000~0 000

或 $9\,999 \sim 5\,999$.　　　　　　　　　　　　　　　　　♥

这个谜题至少可追溯到 1972 年在车里雅宾斯克举行的第六届全苏联数学竞赛.

三人决斗

这个古老的故事是由普罗维登斯的理查德·普罗茨(Richard Plotz)博士提示我注意的,它已以多种形式流传,其中有个故事至少要追溯到 1938 年由胡伯特·菲利普斯(Hubert Philips)命名的谜题书《提问时间》[①](Question Time),由伦敦登特桑斯出版有限公司出版.

显然,爱丽丝不应对鲍勃射击,如果她射中鲍勃,随后她会被卡罗尔击中,结果就是这样.

如果爱丽丝成功击中卡罗尔,那么结果将导致爱丽丝和鲍勃之间的决斗.在这种情况下,因为鲍勃技高一筹,而且是先射击,这样,爱丽丝存活的机会就不到 $\dfrac{1}{3}$.[事实上,假设鲍勃射击爱丽丝时,爱丽丝存活的概率为 p;而爱丽丝射击鲍勃时,鲍勃存活的概率为 q(要大一些),则可以得出 $p=\dfrac{1}{3}q$ 和 $q=\dfrac{1}{3}+\dfrac{2}{3}p$,从而 $p=\dfrac{1}{7}$,显然这种情形对爱丽丝不利.]

如果爱丽丝没有射中卡罗尔,而且又是鲍勃先向卡罗尔射击,那么若鲍勃成功,则决斗又一次在爱丽丝和鲍勃之间展开,不

---

① 此典故来自英国.内阁大臣们要到议会去面对质询,议员们在规定时间内可以向大臣或首相提出任何问题.——译者注

过这次是爱丽丝先射击,这能使她的生存机会超过 $\dfrac{1}{3}$ $\left(\text{其实为}\dfrac{3}{7}\right)$;如果鲍勃失败,卡罗尔则会射中他,而爱丽丝将有机会向卡罗尔射击,她的生存概率确切地说是 $\dfrac{1}{3}$.

基本观点是,不管鲍勃是否射中卡罗尔,对爱丽丝来说,不射击卡罗尔要比射中卡罗尔要好,不射击鲍勃要比射中鲍勃更好.

因此,爱丽丝最好的策略是放弃第一次向鲍勃和卡罗尔射击,而向空中射击. ♥

第 *10* 章

障　碍

酸有三种功能：第一种是加强长期记忆；第二种是减弱短期记忆；第三种是什么我就记不得了.

　　——梯莫蒂·里蓁（Timothy Leary，1920—1996）

　　在佛罗里达州，有一个非常流行的笑话：山姆和特德是两个怪人.有一天，他们在山姆家前面的门廊边聊天.特德说："真糟糕，最近我的记忆力很差，每天都记不得有没有吃过药了."

　　山姆回答道："噢，是这样啊，我知道了.不过，我的医生已经找到了一种解决办法——他在我每天吃的药里添加了一种特殊的记忆药片，到吃药时就会自动提醒我."

　　"不要骗人哦！药名是什么？也许我可以买点."

　　"嗯，是个好主意.让我想想……嗯，快点儿，告诉我一种植物的名称."

　　"一种植物？你是说像一棵树还是灌木丛？"

"不是,小点儿的,可以用来装饰的."

"是一种花吗?"

"是的.大概是红色的."

"康乃馨?还是郁金香?"

"不,都不是,是带着刺的……"

"玫瑰?"

"对了,就是玫瑰!"山姆转过身冲门大喊:"玫瑰,那种记忆药片叫什么呢?"

算法谜题常会带来一些异乎寻常的障碍,因此往往要求助于记忆,运用想象来寻求一种不同寻常的解法.在这一部分,我们的样本谜题相对来说还是比较贴近现实生活的.

寻找漏掉的数字

从自然数 1~100 中除去 1 个数,然后每隔 10 秒从中随意(不按数的顺序)向你报一个数.即使你有比较好的记忆力,也不过是常规记忆,难以记住大量报过的数.那么,你怎么确定哪个数是没被报过的呢?

方法其实很简单——只要记录所报过的数的和即可(依次将每个数加起来).从 1~100 所有数的和是平均数 $50\frac{1}{2}$ 的 100 倍,即 5 050,用 5 050 减去你最后所得到的和就是漏掉的数.

在整个过程中,你既不需要记住百位数也不需要记住千位数,只需进行对模 100 的加法就足够了.

最后,从 50 或 150 中减去这个结果,所得的答案就是正确答案.

当遇到由有限步计算和记忆资源而产生的障碍时,长串数据的处理就成了一个重要的问题了.

下面的第一个问题类似于样本谜题,不过就此问题还引出了计算理论问题.

提到最多的姓名

读一个长串名单,注意:有些名字可能会重复读到.你的任务就是找出重复最多遍的那个名字(如果该名字存在的话).

假设你只有一个计数器,而你一次只能记住一个名字,那你该怎么办呢?

下面的谜题是由普林斯顿大学的约翰·康威(生命游戏的发明者,康威有许多杰出成果,生命游戏是其中首屈一指的)介绍给我的.据说,这个问题曾使他伏案 6 个小时才想出来.

康威的扑克牌叠放

三张扑克牌——A、K、Q,正面朝上平放在桌上,其中一张、两张或三张都放在标记好位置("左""中""右")的地方.如果这些牌都在同一个位置上,那么你就只能看见最上面一张牌;如果这些牌分别放在两个位置上,你就只能看见两张牌,而看不出第三张牌究竟隐藏在哪一张牌的下面.

你的任务是,将三张牌移到左边位置上,其顺序是 A 在最上面,然后是 K,最下面是 Q,移动规则如下:一次移动一张牌,并且总是从一堆牌的最上面移到另一堆牌(也可能是空堆)的最上面.

问题在于,你的记性很糟糕,记不住繁杂的移动过程,必须设计一个算法,其中每一次移动完全是基于当前你所看到的情形,而不是你上一次移动时所看到的情形,或者你已作过的那些移动.当你成功时,旁边的观察者会告诉你.不管最初情形如何,你能设计出一个经过有限步骤就能取得成功的算法吗?

剩下的三个谜题是关于电灯开关的问题,开关在谜题中是个很有用的东西.最后一个问题颇有调侃意味,由本章开始时的笑话所引起.

旋转开关

把四个相同但无标记的开关串联到一个灯泡上.这些开关都是简单的按钮,其所处的状态(开或关)是直接观察不到的,但可以通过按动按钮来改变.这些开关安置在一个可以旋转的正方形板的角上.你在任何时候都可以(同时)按一个或数个按钮,但随后你的对手会旋转一下正方形板.试证明:存在一个确定的算法能使你至多通过有限的步数就能把灯泡开亮.

一盏灯的屋子

要接二连三地将 n 个囚犯中的每个人单独地关进一间屋子,而囚犯被关进去的次序是由监狱长任意决定的.囚犯们有机会事先一起商议联络方式,但一旦开始关囚犯,囚犯们的唯一联络方式就是开或关屋子里的灯.请帮助他们设计一个方案,可以确保某个囚犯最终能推断出每个人都已经被关进过这一屋子.

两个警长

两个相邻小镇的警长正在追查一个盗贼,涉及这个案件的有 8 个嫌疑人.通过独立可靠的侦察工作,两位警长都已经将追查范围缩小到两个人身上.现在他们正在通电话,交流各自所获得的信息,如果他们正好将追查范围都锁定在同一个嫌疑人身上,那么就可以确定真正的盗贼了.

但问题是,他们的电话已被当地的暴徒窃听,这些暴徒已经打听到了最初的嫌疑人名单,但还不知道警长目前掌握的两个重点对象的名单.如果暴徒通过窃听电话得知警方确定了盗贼,那么就会向盗贼通风报信而助其逃走.

能够给从未谋面的警长提供帮助吗?这个办法必须使得他们通过打电话最终能确定谁是盗贼,而那些暴徒却仍被蒙在鼓里.

记性差的服药者

有一个记性差的数学教授每天都得吃药,但问题是,他的记性存在问题,从来都记不得每天是否吃过药.为方便起见,他买了一只能装七个药盒的透明药箱,药盒里装的是一周里每天吃的药,每个药盒上都有标签,分别标记着星期日、一、二、三、四、五、六.所幸的是,教授每天要上课,所以,每天是星期几他还是记得的.

问题是:他出门时,一瓶新药(约30片)随时都会送上门来.这种情况可能会发生在一周中的任何一天.他想把药全部倒进新买的药箱中,但是随后忘了药瓶里有多少药片或者是星期几买的药.

很显然,从当天开始,一次放一片地把药片都放进药箱的方法是行不通的,因为当过些时候,每个药盒的药片一样多时,他就不知道有没有吃过那天的药了.教授尝试把所有的药片都放进当天的药盒,然后他每一次取药后再把剩下的药移到右边药盒.但是,他又记不得是否移动过药片.

你能给教授提供一种算法吗? 能让他仅凭借那天是星期几以及药盒里的情形就知道自己有没有吃过药,如果应当吃药,应从哪个药盒里去取.同时,算法还能告诉他,一旦来了新药应该如何放置药片,并放心地移动任何药片.

解答与注释

提到最多的姓名

方法是：每当计数器上的数是 0（计数从此开始）时，你就记住当前听到的名字，同时把计数器上的数加到 1.当计数器上的数比 0 大时，如果听到的名字和记忆中的名字一样，计数器上的数就增加，否则就减少，但必须记住的是同一个名字.

当然，最后在你头脑中的名字可能只出现过一次（例如，像"查理"在名单"爱丽丝，鲍勃，爱丽丝，鲍勃，爱丽丝，鲍勃，查理"中只出现一次）.但是，如果一个名字出现超过了总数之半，那么这个名字最后肯定被保存在你的记忆中.原因在于，当该名字处于被记忆状态时，计数器上的数总是加多于减. ♥

这个算法详见菲舍（M. J. Fischer）和萨茨伯格（S. L. Salzberg）的文章《在众多选票中找到多数票》（"Finding a Majority Among *n* Votes"）[《算法学报》（*Journal of Algorithms*）第 3 卷第 4 期（1989.12）第 362～380 页].

康威的扑克牌叠放

设计一个有效的、不陷入死循环、不绕弯路的算法是需要技巧的.下面的解法也正说明了这一点.

如果有空地方,就把一张牌向右移到空着的位置,除非看见 K,−,A,或者是 K,A,−,在这两种情况下,应把 A 放在 K 上面.如果能看到三张牌,且其中 Q 在左侧,那就把 K 放在 Q 的上面,否则,就把 Q 右边的牌向右继续移一位(必要时可按三元循环方式放牌).

很明显,除非是赢的状态,否则移牌是不可能形成一叠三张牌的.二缺一情形(即使出现了像 K,−,A 或者 K,A,−的情形)最多需要移三次牌就可以使所有的牌显现出来(除非是赢的状态).这样,在所有牌都显现的情况下,只要检验六种可能的情形就足够了(请看下页图). ♥

奇妙的是,此算法可推广到任意多张牌的情形(仍然是三叠).譬如,52 张牌,从 1 到 52,下面的规则(号数较小的有优先权)将会把这些牌最终从 1 开始顺次向下排放在左侧位置上:

(1) 如果看到的牌是 2,1,−,就把 1 移到 2 上;

(2) 如果只看到两张牌,就把一张牌右移到空位上(必要时可按三元循环方式周而复始);

(3) 如果看到的牌是 $k,j,k-1$,并且 $j<k$,那么把 $k-1$ 移到 k 上;

(4) 如果只看到一张牌,就把一张牌移到左侧位置上;

(5) 如果看到三张牌,就把最大牌右边的牌移到右边.[①]

─────────────
① 原文如此,所谓"再右移",其意指前方,其中隐含着"周而复始"之意.——译者注

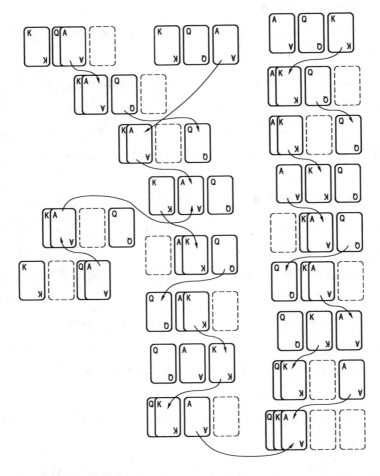

　　下面就来验证一下上述步骤的有效性.假定牌52是可以看到的,并且在中间位置或右侧的空位上,使用规则(2)和(5),最终会把它转移到左侧位置上,而其余的牌都累积在中间位置;使用规则(2),则可以使所有中间位置的牌都移动到右侧位置;使用规则(3),则牌51,50,49,…,$k(k<52)$就叠放在牌52上了,于是中间

位置就空出了.当然,如果 $k=1$,那么使用规则(1)就可以完成任务了.否则,使用规则(2)可将牌 k 移到中间位置,使用规则(5)可以移到右侧位置;牌 $k+1$ 也一样,直到51张牌都集中到右侧位置叠放,而且 k 在最上面,51在最下面.

现在牌52被移到中间位置,把右侧一叠逆序地叠放在左侧位置上,牌52再移到右侧,左边一叠再逆序地叠放在中间位置,牌52再返回到左侧位置.这时,中间位置牌是从51逆序到 k 叠放的,牌51在最上面.现在从牌51到 k,每一张都依据规则(2)转移到右侧位置,然后依据规则(3)叠放在左侧位置,最后,$k,k+1,\cdots,52$ 又叠放到左侧位置.

现在右侧位置是空着的,因此,牌 $k-1$ 在中间位置的某处.如果它不在最下面,那么该牌就会加入到左侧那一叠中.对于 $k'<k$ 的情形,只要按照上面的过程再来一遍就可以达到目的.如果牌 $k-1$ 在最下面,就不能转移到左侧了(除非它是牌1),因为当它通过规则(5)移到右侧时,中间位置是空着的,这就迫使我们使用规则(2),而不是用规则(3).这样,接下来中间一叠的次序就会颠倒过来,牌 $k-1$ 在最上面.因此,至少一度,牌52就会被重新移到左侧空位,牌 k 就会漏掉.

如果能证明,上面预先假定好的条件(即牌52在中间或右侧位置而且可见)最终必定会出现,那么我们就成功了.首先假定牌52显露在左侧(其余牌在它下面),那么依据规则(3)可以累次把牌 $51,50,\cdots,k$ 叠放在它的上面,将有一些牌在中间位置,还有一些牌在右边.运用规则(2)和(5)可以把中间位置腾空.牌 k 将移到中间然后再移到右侧,$k+1$ 也相似移动……(如上所述),直到牌52又重新显露,但这时(在牌51移到右侧之后)中间位置是空着的,从而可把牌 52 移到中间,从而为我们创造了所需要的条件.

旋转开关

马里兰大学的萨沙·巴格(Sasha Barg)向我提供了这个谜题,好像在许多地方都见过此题.和许多谜题一样,先来看一看这个谜题的最简单形式,即考虑两个开关的情形:如果两个按钮是在同一种状态下,那么同时按动它们就可以确定开关的状态,由于开关的状态相同,灯就会亮(如果灯不是已经亮了的话),否则,我们就按一个按钮,之后开关会处于同样的状态之中,在最不利的情况下至多同时再按一次,就能把灯开亮.

再返回原来的四个开关的情形:我们用"A"表示同时按所有 4 个按钮,"D"表示同时按对角线上的 2 个按钮,"N"表示同时按相邻 2 个按钮,"S"表示只按 1 个按钮,那么只要照 $ADANASADAND$ 的顺序,最多 12 步就可以使灯开亮.

在更一般的情况下,讨论开关在 $n=2^k$ 角形的角上情形,可以用如下的 2^n-1 步来完成任务.令 $X=X_1,X_2,\cdots,X_m$ 是 $\frac{n}{2}=2^{k-1}$ 角形按的步骤.把开关按对号点方式配对[①]:如果 X_i 是 $\frac{n}{2}$ 角形按 $i_1,i_2,\cdots,i_j$ 的一步,那就令 $X_i{}'$ 是 n 角形按 $i_1,i_2,\cdots,i_j$ 和 $i_1+\frac{n}{2},i_2+\frac{n}{2},\cdots,i_j+\frac{n}{2}$ 的一步.X' 代表了 $X_1{}',\cdots,X_m{}'$ 步序列.

还需要 n 角形只按开关 $i_1,\cdots,i_j$ 的步子 $X_i{}''$.

---

① 对号点方式配对即将开关按 i_k、$i_k+\frac{n}{2}$ 进行配对.——译者注

如果两个对号点开关是同开或同关的,那么就把这一对开关称为"偶性"的.如果所有的开关组合对都是偶性的,那么运用 X' 就能把全部的开关打开,运用 X_1'',X_2'' 等步的想法就是尝试使所有的开关组合对都成为"偶性",通过每一次运用 X',可以知道我们是否成功打开开关.下面是相关序列:

$$X_1',\cdots,X_m';X_1'';X_1',\cdots,X_m';X_2'';$$

$$X_1',\cdots,X_m';\cdots;X_m'';X_1',\cdots,X_m',$$

或采用更简单的记法:$X';X_1'';X';X_2'';X';\cdots;X_m'';X'$,总共是 $(m+1)m+m=m(m+2)$ 步.那么,若 $f(n)$ 是解决 n 角形所需的步骤数,则 $f(2n)=(2^n-1)(2^n+1)=2^{2n}-1$ 和 $f(1)=2^1-1=1$.

这一序列是有效的,因为 X'' 步骤作用于"偶性—奇性"[①]对的方式如同 X 步骤作用于"开—关"对,X 步骤是处于两者之间,对"偶性—奇性"对情形根本不起作用. ♥

另一方面,对于 n 不是 2 的幂(如 $m2^k$,m 是奇数)的情形,问题还无法解决.我们可以用长度为 n 的二进制向量既反映开关的情形(1 是"开",0 是"关"),又能反映动作(1 是"按",0 是"保留原状").假如 v 是这样的一个向量,用 v^i 表示向右转动 v i 步的结果.在没有转动的情况下,如果对情形 u 实施动作 w,那么将会出现 $u+w$ 情形;在转动 i 步的情况下,我们实际上得到的是 $u+w^i$(对某个未知的 i 而言).

如果由 v 的旋转 $v=v^0,v^1,\cdots,v^{n-1}$ 所得出的集合的基数不是 2 的幂的情形,我们称 n—向量 v"粗糙".假设(例如在开始时)在某一转动中,可能存在任一"粗糙"情形,那么我们断言,在任一

---

① 不是同开同关的两个对号点开关对称为"奇性".——译者注

给定的动作 w 后,在某一旋转中,任一"粗糙"情形也仍然是可能存在的.这样,我们就不能排除任一"粗糙"情形,特别是不能确保得到 $11\cdots1$ 情形.

如果 n 是奇数,即 $n=m$ 的情形,那么除了 $00\cdots0$ 和 $11\cdots1$ 以外所有的向量都是"粗糙"的.如果 w 是任一向量,v 是任一"粗糙"向量,那么 $v-w$(和 $v+w$ 一样)或 $v-w^1$ 两者必有一个是"粗糙"的,所以,在我们实施 w 之前,如果有 $v-w$ 或 $v-w^1$ 中的一次转动,那么我们现在就可能有 v 的旋转了.

如果 $n=m2^k$,其中 $k>1$,那么我们可以把 n 角形分成长度为 2^k 的 m 段,只要 u 不是在每一段都相同,则 u 就是"粗糙"的.因此,如果 u"粗糙",就存在某个 $j(1\leqslant j\leqslant 2^k)$ 使坐标 $i2^k+j(1\leqslant i\leqslant m)$ 不全等.现在我们运用与上面相同的讨论,只要考察这 m 个坐标就可以了.

一盏灯的屋子

我是从亚当·查尔科拉夫特(Adam Chalcraft)那儿听到这个谜题的,他曾代表英国参加过国际曲棍球单轮循环赛.该题目在网络上也出现过,还在加州大学伯克利分校的数学科学研究院的时事通讯杂志 *Emissary* 上也刊登过,2003 年著名的公共广播节目"车上聊天"(Car Talk)也提到过.

然而需要提醒读者的是,不要把它同另一个更棘手的问题(将在下一章出现)相混淆.

当然,有必要假定在囚犯进屋期间没有人会随便乱开乱关;囚犯们也不需要知道最初灯的状态如何.

关键在于,一个囚犯(譬如说爱丽丝)屡次把灯打开,而其余每个囚犯在前两次进去时都要把灯关掉.更确切地说,如果爱丽丝发现灯是关着的,她总会把灯打开,否则她就让灯亮着.其他囚犯在进去的前两次中如果发现灯是亮着的,就把灯关掉,以后他们就听其自然,袖手不管了.

爱丽丝记录了从开始进屋子后遇到黑灯瞎火的次数.在 $2n-3$ 次是黑的之后,她能推测出每个人都进过屋子了.为什么呢? 每次屋子变黑都说明了另外 $n-1$ 个囚犯中的一个已经进过屋子了.如果他们当中的一个(譬如说鲍勃)还没有进过屋子,那么灯的关熄次数就不会超过 $2(n-2)=2n-4$ 次.另一方面,爱丽丝必定最终完成她的第 $2n-3$ 次进黑屋,因为最终灯被关闭 $2(n-1)=2n-2$ 次,并且只有一次不是"爱丽丝开灯,他人关灯"的情形(在爱丽丝第一次进屋子前,有一个囚犯已经将最初亮着的灯关掉了).

如果只有两个囚犯,很明显,每个人都能获知另一个人是否来过这一信息,因为爱丽丝可以等候她的第一次进黑屋,而鲍勃可以等候他的第一次进亮屋.然而,很可能当人数 $n>2$ 时,没有办法保证多个(不止一个)囚犯都能得到每个人都来过的信息.下面是一个证明草稿,在这里我要提醒一下读者,如果你们并不对此类谜题能得出负面结果感兴趣,你们尽可跳过这部分不读.我之所以要收入这一证明,是因为我在其他地方都没有见过.

基本上,我们将论证对方(可以假定其人是安排这些行动并知晓囚犯策略的人)除了上述方案中已提到的办法以外,只能干些无效动作.

让我们集中在一个囚犯身上,譬如爱丽丝,她的策略可视为是确定性的,只依据她所看到的灯的状态的次序.

假定爱丽丝的策略是,在发现灯是处于她上次见到的状态后,就改变灯的状态.那么,对方可以立即让她返回屋子,把她先前来过的痕迹"涂抹掉".因而爱丽丝的这个策略只是给对方提供额外的行动而已.因此,我们可以假定,当爱丽丝发现灯的状态还是她上次见到的那种状态时,她将不作任何改变.

其次,假定在某一时刻,爱丽丝的策略是保留她所看到的情况.我们可以断言,她不会再做什么.为什么呢？因为如果对方不想让她再做什么,他能确信:她所见过的情况总是相同的,因为如果爱丽丝确实长时间没有开灯或关灯,那么至少打开或关闭的任一种状态都会持续保持着.假定现在灯处于关闭状态,他可以给爱丽丝设定,爱丽丝现在以及在随后的每一次进屋时所看到的灯都是处于"关闭"状态,根据前面的讨论,她不会再做什么.所以,对方总有办法制止爱丽丝.我们假定这是他唯一的选择.

显然,爱丽丝不能按着指令保留她所看到的状态,因为在那种状况下,她是不会采取行动的,并且没人知道她已经进过屋子了[①],也就是说,如果爱丽丝看到灯是关闭的,她就把灯打开;灯是亮着的,她就让它亮着,这样,这种状态会一直持续到她再次发现灯关了,此时她可能只是再次把灯打开或者按兵不动.所以,她只是有限地打开 j 次灯（j 仍然是个常数,否则对方会有更多动作）,我们称此策略为 $+j$，j 是正整数或无穷大.同样,如果她被要求第一次进屋子时就把灯关闭,相应策略可记为 $-j$.

唯一剩下的可能性是,要求她第一次进屋子时就要改变灯的状态,她必须要根据灯是打开还是关闭的状态来采取相应的动作（如前所述）.这一情形也只是再给对方外加一次行动而已.

---

① 除非她身上带有浓浓的香水味.——原注

这样,我们要对每个囚犯设定相应的策略,即对不同的 j,有策略 $+j$ 或策略 $-j$.如果他们都只把灯关闭(或只打开),那么就没人能推断出是否有人进过屋子.这样,我们可以假定爱丽丝的策略是 $+j$,而鲍勃的是 $-k$.如果查理把灯打开,爱丽丝就不能分辨鲍勃和查理两人已做的和未做的之间的差别.如果查理把灯关闭,鲍勃就"被留在黑暗中了".

综上所述,对一个囚犯来说,要能确定每个人都进过屋子,爱丽丝必须要把灯打开,而其他每个人都得关闭灯.事实上,如果爱丽丝的策略是 $+j_1$,其他人的是 $-j_2, \cdots, -j_n$,则易于验证每个 j_i 都是有限数,至少是 2,且 j_1 大于其他所有 j_i 的和再减去这当中最小数的差.这个证明既是必要的,也是充分的.

如果 $n > 2$,那么至多只能保证一个囚犯能获知其他人已经进过屋子了.

唷!论证太麻烦了,您想得到吗?

两个警长

如果两个警长(我们分别称呼他们为刘和拉尔夫)之间曾共享过某种秘密信息,那么可利用它来进行对话并达到其目的.但由于他们以前从未见过面,因而他们实际上还需要制造一下他们的机密.

我们假定,刘和拉尔夫把搜寻范围分别缩小到 2 对嫌疑人身上,且 2 对不完全相同,如此一来,就极有可能确认潜在的盗贼身份了.注意:如果刘只说了他的那对嫌疑人,那么拉尔夫就知道谁是盗贼,但黑老大同时也会知道刘所说的嫌疑人,这样一来,拉尔夫想告诉刘谁是盗贼而又想不被暴徒知晓的企图必然会落空.

显然,刘和拉尔夫必须用一种更巧妙的方式传递盗贼的名字. 我们做一张所有嫌疑人配对$\left(共\dfrac{8\times7}{2}=28\ 对\right)$的表格,其中,每列都是由 4 对嫌疑人(8 个嫌疑人配成的)构成的,如下所示:

$$\{1,2\},\{1,3\},\{1,4\},\{1,5\},\{1,6\},\{1,7\},\{1,8\},$$
$$\{3,4\},\{2,4\},\{2,3\},\{2,6\},\{2,5\},\{2,8\},\{2,7\},$$
$$\{5,6\},\{5,7\},\{5,8\},\{3,7\},\{3,8\},\{3,5\},\{3,6\},$$
$$\{7,8\},\{6,8\},\{6,7\},\{4,8\},\{4,7\},\{4,6\},\{4,5\}.$$

刘和拉尔夫通过电话可以避开暴徒而很自在地讨论整个事情,没什么能阻碍他们把 8 个嫌疑人编号,并且编制这么一张表格.

现在刘告诉拉尔夫他的那对嫌疑人在哪一列.例如,如果刘的那一对是$\{1,2\}$,他就说"我的那一对是在第一列".

如果拉尔夫追查的那对嫌疑人也在同一个列上,他就能立刻知道他和刘所指的是一样的.他会回答是的.之后,他们还是挂掉电话继续工作为好.

另外,拉尔夫能将刘的那对嫌疑人锁定在一列中的两对上.例如,如果拉尔夫的那对嫌疑人是$\{2,3\}$,他可以推断出刘的那对很可能是$\{1,2\}$,或者是$\{3,4\}$.然后,他把这列分成 2 个对等的部分,使这些嫌疑人对子中那两对是在同一部分里,并把分好的两部分告诉刘.

例如,他可能会对刘说:"我的那对嫌疑人不是在$\{1,2,3,4\}$里,就是在$\{5,6,7,8\}$里."(如果拉尔夫的那对嫌疑人是$\{2,5\}$,那么他应该说:"我的不是在$\{1,2,5,6\}$里,就是在$\{3,4,7,8\}$里.")

当然,刘会知道哪一部分就是拉尔夫的那一对嫌疑人所在的部分,因为这部分同样也是他自己的那对所在的部分.这样,他们两个现在可以共享秘密了!

刘现在可以告诉拉尔夫,他的那对嫌疑人是在第一部分里还是在第二部分里.例如,如果两对是{1,2}和{1,3},刘会说"我的那对是在第一部分里",或者说"我的那对嫌疑人不是{1,2},就是{5,6}".

这样,拉尔夫就知道了刘的那对嫌疑人,并确定了盗贼的身份.他可以简单地把信息传递给刘,告诉刘,在他那对嫌疑人中盗贼是小数据还是大数据就可以了.因此,他会说"盗贼是你那对里大点的那个",或者这样说"杀人犯不是 2 就是 6".

暴徒不明白刘和拉尔夫所谈论的是哪部分.如果刘的那对嫌疑人是{5,6},而拉尔夫的是{6,7}或{6,8},那么暴徒听到的全部谈话内容实际上与前面情况下听到的内容是一样的,而在这种情况下盗贼不是 2 而是 6 了.♥

两个警长的谜题选自比佛(D. Beaver)、哈勃(S. Haber)和温克勒(P. Winkler)的文章"On the Isolation of a Common Secret",详见 1996 年柏林施普林格出版社出版、戈兰哈姆(R. L. Graham)和内色特里尔(J. Nešetřil)编写的 *The Mathematics of Paul Erdös* Vol. Ⅱ.25 年前,这个谜题是作为一个例子设计出来的:也就是说,通过公共渠道,可将常识模式化成通常的秘密.这个想法最初应用在桥牌游戏上,其中同伴之间不允许相互交流牌的信息.自从 1924 年合约桥牌发明以来,这个规则被错误地认为能禁止队友间交流任何秘密.这种误解对叫牌方和守牌方精密策略的发展有冷却效应,因为许多选手感觉到,这样的方法会泄露给对手很多信息,例如,一个技巧性的满贯叫牌会引导对手先出什么牌.

在不知道同伴牌的情况下,自己手中的牌可以用于在你和同伴间传递秘密,详细内容及参考文献可查阅温克勒的《桥牌游戏中密码技术的引入》("The Advent of Cryptology in the Game of Bridge")[《密码术》杂志(*Cryptologia*)第 7 卷第 4 期(1983.10)第 327~332 页].

记性差的服药者

教授的药箱(画在下面)由 7 个透明药盒构成,各标着星期日、一、二、三、四、五、六.举个例子,假定教授在星期五早上开始吃新买的 30 片药.他希望用一种方法把这些药分配在药盒里,通过看药箱就可以知道每天是否已经吃过药,如果没吃,他也能拿对要吃的药.

很明显的方法就是,在星期五和星期六的药盒里各放进 5 片药,而在星期日、一、二、三、四的药盒里各放进 4 片药.具体算法如下:

当药箱中一部分相连的(模 7)药盒中含有 k 片药,而其余药盒含有 $k-1$ 片药时,他知道应该在最左边"多的"药盒(有 k 片药)中取一次药.如果现在是星期三并且药盒标的也是星期三,那么他就从这个药盒取药;如果药盒标着星期四,那么他就知道自己已经取过星期三的药了.

问题是,每过 7 天,每个药盒的药片数目就变得一样多了,接下来该拿哪个药盒的药呢? 例如,星期日出现了这个情况,他就判定当药片一样多时,星期日就是标记的分配日.如果教授看到了每个药盒药片一样多,而且当天是星期日,那么他就应该从星期日药盒取药;如果那天是星期六,他就已经取过药了.

　　事情一直进展得很顺利,直到 30 天后,教授买来了 30 片新药.现在是星期日,如果他把药片分为星期日、星期一各 5 片,其余的都是 4 片,那么将会在星期二早上而不是星期日早上,他就会发现,每个药盒的药片一样多了.但问题又出现了,他可能记不住药片一样多的那天是星期二,而不是星期日.

　　当然,有办法解决这个问题(不包括把药留在瓶底或者把它们扔掉的情形),那怎样解决呢? 教授需要某种确定的方式标记药盒来进行分配.他可以把很多药放在一个盒子中,然后每天移动这些药,但是他又记不住是否移动过这些药片.无论如何,教授必须设计出一种办法,使得他正好能吃到每天该吃的药,而不需要把药片移来移去.

　　很自然,教授开始怀疑这是否是个可以解决的问题.教授能想出一个可行的办法来吗? 如果他每天所做的就是从标记着当天的药盒里取一片药,那么做法就是反过来,从最后一片药开始.很明显,每天药盒的药片要么一样多,要么有一组相邻药盒是 k 片药,而其他的是 $k-1$ 片.这样,他又返回到最初的情形,即必须改变并且记住哪个盒子被指定为"药片同样多的药盒".

　　但请等一等,为什么星期三的药片必须从"星期三药盒"中取呢? 并非必然要这样做.当然,必须要保证算法简单易行,否则又给教授的记忆增加负荷了.但只要能保证从哪个药盒中取药片有合理的规律(和决定当天的药是否已取一样),那么,有些额外的变动也是未尝不可的.

　　下面来看结果:有一种算法能符合教授所有的要求,但有个小小的例外,就是原本他总是从标记着每周当天的盒子里取药,这一老规矩现在不适用了.教授按着下面的方式推理:

（1）药片要按相当持平的数量来分配，这样，当快要买新药时，就不会有很多药片留下来。

（2）必须避免完全一样的分配，不然又会出现指定"药片同样多的盒"的问题。

（3）考虑到（2），不能总是从有最多药片的药盒中取药。

综合以上几点，教授又想到一个主意，任何时候他至多保持多、中、少三类药片的数量，只要有可能，就从中等数量的那个盒子里取药。为了使一切尽可能简单，一般只有一个"药囊"——含有最多药片的盒子。任何一天，用 k 来表示"药囊"药片的数量，其他盒子有 $k-1$ 片或者 $k-2$ 片，其中那些有 $k-2$ 片药的盒子在"药囊"的右边，并且都相邻。下图展示了多种合乎以上设想的情形。

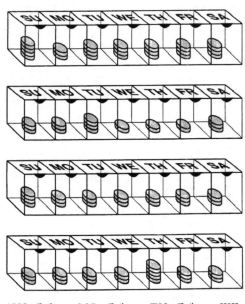

（SU：星期日；MO：星期一；TU：星期二；WE：星期三；TH：星期四；FR：星期五；SA：星期六）

"药囊"右边的第一个有 $k-1$ 片药的盒子是被指定为标记的盒子.如果没有 $k-1$ 片药的盒子,就对"药囊"进行分配.在(几乎)每一种情形中,分配的盒子都用一周的当天正确地标记着.

举个例子,图中的情形表示准备分别在星期二、星期六、星期一和星期四进行分配.

当教授快吃完药时又出现了例外情形:在前一天,他发现标记着那天的盒子里还有两片药;他取了一片(按照规则,即当没有比"药囊"数量少 1 的盒子时,他就从"药囊"中取药).现在最后一片药在标记着"昨天"的盒子里,而他却在今天吃了.

容易看到的是,如果正确地分配了药片,那么正确合理的情形就会保留到最后一片药上.但当新药片到时,是否总是能正确地建立这种规则呢? 的确,给定任何数量的药片,在任何一天早上,都会有唯一正确的情形出现,这也是有新药片时教授所建构的情形.教授可以简单地计算出最后一片药是在星期几取的,也就是说,假如今天还没有取药,那天就是昨天加上药的数目(模 7),其中一周的天数被依次标记着(模 7),至于哪一天要作为"1",并不重要.

譬如说,星期三早上到了 32 片药,教授知道星期六会取最后一片药(是从星期五的药盒里取的).也就是说,星期五药盒的药片最多.教授在星期五药盒里放 6 片药,在星期六、日、一以及二这四天分别放 4 片药,在星期三和四分别放 5 片药,这样,现在他就能正确地取用星期三的药了.   ♥

有人可能会进一步提问:"如果药不够 7 个药盒分配,那该怎么办呢? 在可解的条件下,至少需要多少个药盒? 如果一周有 d 天而不是 7 天,那又该怎么办? 作为变量 d 的函数,药盒可能的最少数目又是多少呢?"

注意:教授的解决办法可以运用到木星上,在那里一周有 d 天($d>1$),而且有 d 个药盒.如果 $d=2$,那么就会发现有一个药盒有 1 片药,或者其中一个有 2 片药的情形了.

两个药盒的解决办法可被运用到 d 是偶数的任何情况之中.因为取药人知道,在一个有偶数天数的一周里那天是星期几,所以对于 d 是偶数的情形,两个药盒的讨论既是充分的,也是必要的.

但是,当 d 是奇数时,两个药盒的解决办法就不奏效了.因为在一周中必会出现连续两天都有一片药的情形,所以取药人在这两天中第一天看到这种情形时,他就会不知道有没有取那天的药.

其实,走得如此之远,读者不难发现,比较容易使自己信服的是:当 d 是奇数时,只要讨论三个药盒的情况就足够了.在一周 7 天的前提下,要设计出三个药盒的简单算法还需要一点技巧.下面的规则是使用二进制来帮助加强记忆的.

在这里,我们一致认为,一周以星期日=1 为开始,以星期六=7 为结束,取的数字都是对模 7 而言.方案则包含 7 种情形,分别用 1 到 7 的自然数命名,其中每种命名都有一个二进制表示形式,并且同它所代表的情形相对应.药盒排成一排("左""中""右"),并且不循环.

举个例子,类型 $1=001_2$,要求最右边药盒的药片要明显地多于其他两个药盒中的任何一个;类型 $3=011_2$,要求最左边药盒比其他两个药盒的都少;而类型 $7=111_2$,则要求每个药盒中的药的数量应该差不多.

更确切地说,类型 1、2 和 4 都有一个"药囊"(分别在右边、中间和左边),"药囊"中的药要比其他两个药盒多 2 片或 3 片.如果其他两个不一样多,那么它们就是有序的,多的药盒在右边.

在类型 3、5 和 6 中,分别在左边、中间和右边有一个最少的药盒;如果其他两个药盒里的药片一样多,那么它们就都多 2 片;如果其他的两个不一样多,那么它们最多相差 1 片,比最少的药盒多 2 片或 3 片,多的那个药盒在右边.

类型 7 要求,所有的药盒均有药片,且不同药盒间最多只差 1 片,数量少的药盒在右边(见下面的表格).

策略如下:如果在星期 D 那天新买了 P 片药,那么就根据 $D+P$(模7)的类型来分药,然后取药,并保持 $D+P$ 这一类型.

特别是,每一天取药人都要观察类型 T,并且按照下面的方式操作:如果他在星期 D 发现有药片 $P>3$,并且 $D+P\neq T$(模7),那么他已经取了当天的药了.否则,他就从特定的药盒中取药,结果就会处于同一类型的另一种情形.

	3 片	4 片	5 片	6 片
类型 1	003	013	113	114
类型 2	030	031	131	141
类型 3	012	022	023	123
类型 4	300	301	311	411
类型 5	102	202	203	213
类型 6	120	220	230	231
类型 7	111	211	221	222

当药片的数量降至三片或者更少时,仍然保持此类型就很困难了,但是取药人可以按如下页图表的左—右规则来作进一步判

断,即当药片数量减少时,这些情形是怎样变化的.

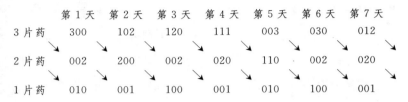

可以使用这个图表进行具体判断,取药人可根据 D 和 P 寻找入口.如果上述所列情形符合实际情况,那么他取走药片就会产生右下方(按对角线方向)的情形,否则,图形将对应于 $D+1$ 的情形,那就是他已经吃过当天的药了.

第 11 章

难　题

只有问及难题时,才会出现一些绝妙的解答.

——莫拉那·贾拉勒·穆罕默德·莫拉维·鲁米(Rolana
Jalal-e-Din Mohammad Molavi Rumi)
《突兀失落中的喜悦》(*Joy at Sudden Disappointment*)

虽然这部分谜题十分难,不过,还是很值得去做做,其中有一些是我们已经考虑过的谜题的变式或拓展.

样本谜题是由埃米尔·基斯(Emil Kiss)和克尼斯(K. A. Kearnes)在"Finite Algebras of Finite Complexity"一文中[《离散数学》杂志(*Discrete Math*)第 207 卷(1999)第 89～135 页]作为开放性问题提出的.1999 年 8 月,在纪念丹尼尔·克莱特曼(Daniel J. Kleitman)教授诞辰的会议上,皮塔·马科维克(Petar Markovic)也提出了这道谜题.

在这次会议上,诺加·阿隆、汤姆·伯曼(Tom Bohman)、罗恩·赫茨曼(Ron Holzman)和丹尼尔本人完美地解决了这一问题.当然,我们期望读者你自己先试着解决,不过需要明确的一点是,即使你解不出它,也不必懊丧.

框和子框

对于固定的正数 n,框 A 是 n 个有限集的笛卡儿积.如果这些集合为 $A_1,A_2,\cdots,A_n$,那么这个框中包含了所有 $(a_1,a_2,\cdots,a_n)$ 的序列,其中对于任意的 i,$a_i \in A_i$,则如果对任意的 i,B_i 是 A_i 的非空真子集,那么 A box $B = B_1 \times B_2 \times \cdots \times B_n$ 是 $A = A_1 \times A_2 \times \cdots \times A_n$ 的真子框.

这样的框是否总能被分割成少于 2^n 个真子框呢?

解答 只要任意的 A_i 至少含有 2 个元素,我们就很容易将框分割为 2^n 个子框,但与会的学者中没人能给出少于 2^n 个真子框的实例.实际上,这是无法实现的.

首先,我们仅考虑一个元素 A_i,并确定某个非空真子集 $B_i \subset A_i$.假设我们选择了一个均衡随机的子集 C_i,使 $C_i \subset A_i$ 且 C_i 的成员数为奇数(如果 $|A_i|$ 为奇数,那么 C_i 有可能是所有的 A_i).我们断言 $|B_i \bigcap C_i|$ 为奇的概率正好是 0.5.

若要去检验上述命题,则可以通过每次浏览一个 A_i 中的元素来选择 C_i,最后终将获得 B_i 中的一个元素和在 $A_i \backslash B_i$ 中的一个元素.我们可以通过抛掷硬币的方法来决定每个元素是否属于 C_i,但最后一次决定是受 $|C_i|$ 的奇偶性约束的.这样,倒数第二次抛掷硬币就决定了 $|B_i \bigcap C_i|$ 的奇偶性.

显然,当且仅当每个 C_i 含有奇数个成员时,A 的一个子框 $C = C_1 \times \cdots \times C_n$ 的成员个数才为奇,所以如果 $B = B_1 \times B_2 \times \cdots \times$

B_n 是 $A = A_1 \times A_2 \times \cdots \times A_n$ 的非空子框,且 C 是 A 中成员数为奇的均衡随机子框,那么 $B \cap C$ 的元素个数为奇的概率为 $\frac{1}{2^n}$.

现在假设,我们将 A 分割成了少于 2^n 个子框,记为 $B(1)$,$B(2),\cdots,B(m)$,像先前那样,选择 A 中的一个均衡随机且个数为奇的子框 C,并且用概率加以标记,并且 C 是以一定的概率 $\left(\text{至少为} 1 - \frac{m}{2^n}\right)$ 与每个 $B(j)$ 相交元素个数为偶数.

但这是不可能的,因为 C 本身只有奇数个元素. ♥

对于那些继续追随着我们的不畏艰险的读者,以下还有一些难题.下面我们介绍萨拉·洛宾逊(Sara Robinson)在 2001 年 4 月 10 日刊登在《纽约时报》(The New York Times)上的题为《数学家为何现在关注自己所戴帽子的颜色》("Why Mathematicians Now Care about their Hat Color")一文中的谜题.

猜帽子的颜色

戴帽子团队又回来了.

这一次,每个选手帽子的颜色是通过公平地抛掷硬币来决定的.选手被安排围成一个圈,每个人都能看到其他选手帽子的颜色,但他们之间不允许交流.随后,选手将被带离,并要求他们猜测自己头上戴的帽子是红色还是蓝色的,当然,他们也可选择弃权,不作猜测.

结果是十分残酷的:除非至少有一个选手猜,并且每个作猜测的人都要猜对,否则,所有的选手都要出局.因此,看起来最好的方法是只有一个选手作猜测,其余选手都弃权,这样,至少他们有

50％留下来的机会.但令人难以想象的是,参赛者可以做得很出色,例如,如果有 16 个选手参加猜测,那么他们获胜的机会能提高到 90％以上.这是为什么呢?

如果你认为这是不可能的,那是一个很好的迹象,说明你理解了这个谜题的陈述,但在你放弃之前,先试着考虑一下 3 个玩家的情况.

下一个谜题的解决方法与前一个有着惊人的相似之处.至于其他谜题,你得完全自己独立解答.

15 个比特和一个间谍

一个间谍每天只能通过当地的广播站使用 15 个 0 和 1 来与她的联系人取得联络.她并不知道这些字符是如何选择的,但她每天有机会改变任一选定的字符,可以将它由 0 改为 1,也可由 1 改为 0.那么每天她能传达多少信息呢?

空间中的角

证明:在 R^n 中,在任意一个多于 2^n 个点的集合中,都有着可以决定一个钝角的三个点.

山上的两个和尚

还记得在第 5 章"几何"中提到的那个周一爬上富士山,周二下山的和尚吗? 这一次,他和同伴在同一天、同一时刻、同一高度又开始爬山,但他们选择的是不同的道路.在到达顶峰之前,要翻山越岭(但此期间,他们到达的海拔高度均不低于出发时的海拔高度),要证明,他们能通过调整自己的速度(有时甚至走回头路)来保证:在一天里的任意时刻,二人都处在同一海拔高度上.

控制和数

在单位区间上取 n 个实数,标记为 $x_1, x_2, \cdots, x_n$,证明:你能找到一系列数 $y_1, y_2, \cdots, y_n$,使得对任意的 k,有

$$|y_k| = x_k, 且 \left| \sum_{i=1}^{k} y_i - \sum_{i=k+1}^{n} y_i \right| \leqslant 2.$$

两盏灯的房间

你还记得那个关于囚犯和只有一个电灯开关的房间的谜题吗? 现在,n 个囚犯当中的每个人都将被无数次地关进一个房间里,而关押的次序是由看守人任意决定的.可是这次呢,在牢房中有两盏灯,每盏灯都有一个两状态的开关,除了这些开关外,没有任何交流的途径.而这些灯的初始状态(是关着还是开着)是未知的.囚犯们在事先有一次机会协商相互联系的方式.我们再次希望

确保某个罪犯能够推理出每个人都曾进过这间房间.之前所作的题目是牢房中仅有一个开关的情况,而在这一题目中有两个开关,且每个囚犯必须遵循同样的规则.

面积和直径

证明:平面上所有直径为 1 的闭区域中,圆的面积最大.

恰到好处的分划

证明:在含有 $2n$ 个整数的任一集合中,存在一个大小为 n 的子集,且它的元素之和能被 n 整除.

任意摆放的餐巾问题

还记得数学家参加圆桌宴会的问题吗?这次,在每对餐具间,有一只放着餐巾的咖啡杯.当每个人坐下时,可以从左边或右边拿到餐巾.如果两边都有餐巾,那么可以任意选取.

但这次,没有居心叵测的餐厅总管了,数学家们可以任意地找一个座位坐下,如果他们的人数非常多,那么最后会有(或趋近)多少人没有餐巾呢?

战场上士兵的分组问题

可能你还记得关于战场上士兵的那个谜题吧.每个人监视着离他最近的人.假设在一个巨大的正方形的战场上,在任意位置上都有许多士兵,他们被最大限度地分了组,使得组内的人都能够互相监视,那么每个组平均有多少人呢?

平面上的 Y 字母

我们知道,在一个平面中不可能安置不可数个不相交的"8"字图形,但肯定可以安置不可数无穷多的(与连续统同一基数)线段或圆.下一个合乎逻辑的例子是 Y 字母,即具有如下形式的集合:拓扑等价于有共同端点的三条线段.

你能证明在平面内只能画出可数个无穷多的不相交的 Y 字母吗?

更多的磁性货币

最后,我们来看看磁性货币这个谜题.但在这里我们还要稍强化它们的吸引力.

这次,无穷多的硬币将被扔到两个缸中.当第一个缸中有 x 个硬币,而第二个缸中有 y 个时,下一枚硬币掉入第一个缸的概率为 $\dfrac{x^{1.01}}{x^{1.01}+y^{1.01}}$,否则它会进入第二个缸中.

证明:在某时刻后,其中一个缸中将再也不能进入一个新的硬币.

解 答 与 注 释

•••••

猜帽子的颜色

就像所建议的那样,先试着看看 3 人参加比赛是十分有用的,至少从中你可以看到玩家怎样获得大于 50% 的胜率,而由此出发进行的推广并不是无足轻重的.

在 3 人参赛中,每个参赛者都接受这样的指导:如果所看到的两顶帽子的颜色不同,你就弃权.若看到的两顶帽子颜色相同,则猜你自己的帽子颜色就是你未看到的颜色.结果是:只要两种颜色都出现(8 种可能组合中的 6 种),唯一戴着不同颜色帽子的人将猜对,其余人弃权,这样,玩家获胜的概率为 75%.

让我们来看看最糟糕的情况,即所有 3 顶帽子颜色都一样,所有的玩家都猜了,并且都猜错了.这是极为糟糕的特例.拟定将 6 种错误的猜测集中到仅有的两种结构中去.在这两种结构中,一半的猜测必定是错误的,所以,要获胜的唯一方法就是有限地利用正确的猜测,把错误的猜测集中在一块儿.当然,三个玩家情况可以按这样的思路进行,因而是比较理想的.

当有 n 个玩家参赛时,我们也希望这一结果能再次出现,而且只有两种结构：好的结构（只有 1 个人猜并且猜对），差的结构（每个人都猜但全都猜错），这就需要在数量上，好的结构比差的结构多出一个 n 的因子，这样我们才能获得令人满意的获胜概率 $\dfrac{n}{n+1}$.

除非 $n+1$ 能整除 2^n（所有结构的组合总数），否则我们根本无法获得这个理想的最大限度值.这也就意味着 n 本身要比 2 的某次方要小 1.十分神奇的是，这是一个充要条件.

关键在于，要找到一组具有如下性质的差的结构：每个其他结构恰与一个差的结构相邻（相邻指：只要改变 1 顶帽子的颜色，好的结构就能变为差的结构，反之亦然）.下面给出定义这种集合的方法.

假设 $n=2^k-1$，给每个玩家标上一个不同的 k 位非 0 二进制数（例如，如果有 15 个玩家，那么他们获得的标签分别为：0001，0010，0011，$\cdots$，1110，1111），这些标签被认为是"nimbers"[①]，并不是个具体的数，可将它们以二进制的方法相加但不要进位，例如，$1011+1101=0110$，且任何数与其自身相加之和为 0000.

差结构有如下的性质：如果把所有红帽子选手的标签相加，就能得到 0000.具体的策略是这样的：每个人将他见到的红帽子选手的 nimber 相加，如果和为 0000，他就猜自己的帽子也是红色的；如果和是他自己的 nimber，他猜自己的帽子是蓝色的；如果和是其他数，他就放弃.

为什么这个策略能奏效呢？假设所有戴红帽子的人的

---

① 之所以这样称谓，是因为它在尼姆（Nim）的游戏中十分有用.据我们所知，这个术语第一次出现在名著《稳操胜券》（上海教育出版社，2003）的第 43 页.——译者注

nimber 的和（事实上）是 0000，每个戴蓝帽子的人计算得出红帽子的人 nimber 的总数为 0000，并猜自己的帽子为红；每个戴红帽子的人把自己的 nimber 也计算到总数中，并猜自己的帽子是蓝色的，这样，每个人都猜测，而且每个人都猜错了，这结果正是我们所需要的.

现在假设，红帽子的 nimber 的总数是另外一些数，我们假定它是 0101，那么唯一作猜测的人就是那个 nimber 为 0101 的人，则他的猜测为真.而红帽子的 nimber 总数为 0000 的概率恰为 $\frac{1}{16}$（正如你预期的那样，因为有 16 种可能的和）.因此，这种策略获胜的概率为 $\frac{15}{16}$.将这一情形推广到一般情况，获胜的概率为 $1-2^{-k}$.如果你用长度为 2 的 nimber 去进行核对，那么你同样也能获得 3 个玩家的方案.

如果 n 恰好不比 2 的某次方小 1，那么最简单的方法就是计算最大的 $m<n$，且 m 满足 2^k-1 的形式.这 m 个选手按如上规则进行游戏，而其余的人，无论他们看到什么，都放弃.最糟的情况（如果 $n=2^k-2$，k 为整数）获胜概率为 $\dfrac{\frac{n}{2}}{\frac{n}{2}+1}$.这些策略并不总是尽善尽美的，例如，当 $n=4$ 时，获胜的机会不会超过 75%，但当 $n=5$ 时（正如埃尔温·伯莱坎普所说的），获胜的机会为 $\frac{25}{32}>78\%$.至于设计出适合任意 n 的最佳策略问题还是一个悬而未决的难题. ♥

以上我们构造的差的结构集不仅是一个优美的数学对象，而且在实际生活中还十分有用.在实际生活中,它通常被称作汉明码,是纠错码的一个典型例子.设想,你要通过一个不可靠的线路发送二进制信息.这条线路中的信息偶尔会跳错.将要发送的信息组合成一连串 11 位的字符,其中有 $\frac{2^{15}}{16}=2^{11}$ 个长度为 15 的红—蓝序列,它们具有如下的性质:红色帽子的 nimber 总数为 0000.用二进制表示(例如,101010101010101 表示奇数位的帽子是红色的)的特殊的字符串被称为"码字".既然有 2^{11} 个码字,你就可以将其中一个码字与每个 11 位二进制字符串相连,一个简单的方法就是截去最后 4 个字符.

现在可以用具有特殊关联的 15 位码字代替 11 位字符进行发送,虽然在效率上有所下降,但也有所收获:可靠性提高了.这是因为,如果当 15 位字符中偶有 1 位跳错时,接受信息的人能够发现它,并将它跳转回去.

那怎样实现呢? 当她接收到 15 位码字时,她能将所有红色的 nimber(同序列中的相对应)相加,并验证它们的和是否为 0000,如果不是 0000,而是 0101,那么必定有一个字符跳错了;如果仅有一个字符跳错,那么必然是第五个字符.接收者不必跳转第五个字符,核对一下她的编码本,看看哪个 11 位字符与你想要发送的 15 位码字是一致就可以了.除非有多个字符跳错,不然,这一做法一定可靠.

帽子谜题(稍微不同的形式)和解决方案是由托德·俄波特(Todd Ebert)(现任职于加州大学欧文分校)于 1998 年在他的博士论文中给出的.由波士顿大学的彼德·嘎斯(Peter Gacs)介绍给我的.有趣的是,汉明码问题的解决方案早些年就已提出来了,是由卡内基·梅隆大学的史蒂芬·路蒂奇（Steven Rudich）在有关的选举投票问题中建议使用的.

15 个比特和 1 个间谍

间谍可做 16 件事（改变任何一个字符或什么也不做），原则上，她每天能与她的联系人交流 4 位字符的信息.如何实现呢？

如果你掌握了上述的 nimber 的解决方法，这个问题的解答就十分简单了.间谍与她的联系人约定的 4 位 nimber 和广播中第 k 位字符的数字 k 相一致，则广播信号中对应于 1 的 nimber 总和就定义了她们的"信息".

规则中表明，间谍可以发送 16 个可能信息中的任意一个，因而，她能成功获得完整的 4 位字符进行交流.设想一下：她希望发送 nimber n，但广播站要发送的信号中对应于 1 的 nimber 总和为 $m \neq n$，那么她可以跳转第 $m+n$ 位字符，由于 nimber 的加或减是等价的，因此无论这个字符是 0 还是 1，都是没有任何区别的.   ♥

这个谜题是微软研究中心的拉茨·罗伐茨（Laci Lovász）介绍给我的，不过他并不知道这个问题的出处.

空间中的角

此题是我在一次去麻省理工学院（MIT）做访问时被测试的一道题，当时我被难住了.在超立方体上的 2^n 个角表示了在 n 维空间中没有钝角的最多的点，这似乎很显然，但如何证明呢？

这曾一度是一个开放性的保罗·艾尔多什和维克特·克里（Victor Klee）问题，最终被乔治·丹茨格（George Danzig）和布朗科·葛隆宝姆(Branko Grünbaum)所解决.

令 $x_1, x_2, \cdots, x_k$ 为 R^n 空间中相异的点(向量),并且令 P 为它们的凸闭包.我们假设,P 的体积为 1,这可以通过把空间维数减少到 P 的维数,然后用适当标度来实现;我们还可以假定 x_1 是原点(也就是 0 向量).如果所有的点都不会组成钝角,那么我们可以得出,对任意的 $i > 1$,$P + x_i$ 这一转化的内部和 P 的内部是互相分离的,将这两个多胞形分离的平面是经过 x_i 且与向量 x_i 垂直的平面.

另外,对于 $i \neq j$,$P + x_i$ 和 $P + x_j$ 的内部也是分离的,这次的分离平面是经过 $x_i + x_j$ 且与 P 内的边 $x_j - x_i$ 垂直的平面.我们由此可以断言:对于 $1 \leqslant i \leqslant k$,$P + x_i$ 的并的体积为 k.

但是所有这些多胞形都处于加倍的多胞形 $2P = P + P$(体积为 2^n)之内,因此正如我们所要得到的那样,$k \leqslant 2^n$. ♥

山上的两个和尚

根据是上坡还是下坡,可将每条道路分为单调的"段"(水平线段不会有多大的问题,当有人在这段路上行走时,只要让另一人此时停下来就可以了).因而,我们可以假设:每个这样的段只是垂直上升或下降.由于和尚们能够控制他们上坡或下坡的速度,因而在任何段上,他们的速度可以看成是恒定不变的.将平面上的 x 轴标记为第一个和尚的路径,而 y 轴为第二个和尚的路径.将两者位置碰巧在同一高度上的点绘制出来,这包含了原点(两条路径的开始处)和顶峰(他们的终点,我们假定为 $(1, 1)$).我们的目标是从坐标轴 $(0, 0)$ 出发,沿着绘制的等高点找到一条通向 $(1, 1)$ 的道路,随后,和尚可以沿着这条路慢慢走,并确信,无论如何也不会有人要求他快得超出他的能力.

任何两个等高且单调递增或递减的线段(一条路径算一段),在地形图上都显示为一条(闭的)线段,长度可能为0.如果把地形图上那些可射回到线段端点的点看成是顶点的话(不论是一个和尚或两个和尚),那么所得的图形就成为一个图(在组合意义上).我们很容易证实,除了点(0,0)、(1,1)外,其他所有顶点与0条边、2条边或4条边相连.

如果我们从点(0,0)出发在图上行走,除了点(1,1)外,没有地方受阻或必须重走.因此,我们能够顺利到达(1,1),并且所有类似的道路都可为和尚们提供成功策略. ♥

下图展示了4种可能的情景,其中一个和尚的路径用实线表示,另一和尚的路径用虚线表示.一种地形对应于一个图.正如最后例子中所显示的那样,在图中,可能有些孤立的点是和尚无法达到的(不打破通常的高度规则).

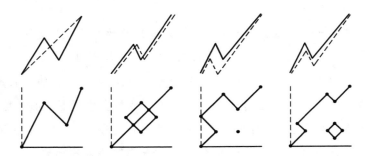

本题是贝尔实验室的俞利·巴里什尼科夫(Yuliy Baryshnikov)提供给我的.

控制和数

本题源自实际生活或者说至少是源自视觉网络的数学问题，详见什列弗（A. Schrijver）、塞蒙（P. D. Seymour）和温克勒合著的论文"Ring Loading Poblem"[《美国工业和应用数学会评论》（*SIAM Review*）第 41 卷第 4 期（1999.12）第 777～791 页].作者确信这一猜想，但由于没能证明它而十分烦恼.这个谜题公布于世后一直没有得到证明或给出反例.最后，本书作者给出了以下的证明，而且这个证明还相当简单.

问题就是标记在 $[0,1]$ 中的实数序列，目的在于，即使任意最终实数子序列的符号有所颠倒，我们仍然能够控制此数列的和.最自然的第一眼观察是：我们可以通过"贪婪"标记法，控制所有的初始和，即当 $\sum_{i=1}^{k-1} y_i \leqslant 0$ 时，令 $y_k = x_k$，否则令 $y_k = -x_k$.

这就保证对所有的 k，有 $\left|\sum_{i=1}^{k} y_i\right| < 1$，经改写后可得出

$$\left|\sum_{i=1}^{k} y_i - \sum_{i=k+1}^{n} y_i\right| = \left|2\sum_{i=1}^{k} y_i - \sum_{i=1}^{n} y_i\right|$$

$$\leqslant 2\left|\sum_{i=1}^{k} y_i\right| + \left|\sum_{i=1}^{n} y_i\right|$$

$$\leqslant 3.$$

遗憾的是，它只是一个符号算法，而且这个 3 也不能降到 2.为了理解这一点，我们设想一个以 $1, 0.99, 1, 0.99, 1, 0.99$ 等开头的序列，这个序列有 100 项，并且突然以某数 z 结束.除了在某个点外，这些记号是交错的.要想知道是哪个点，我们必须知道 z.

然而，我们注意到，上述关于贪婪标记的描述需要一个"空和"的值来决定第一个标记.一般地，我们说这个和为 0，假定我们

用某个实值 w 来代之,那么对于固定的 $w \in [-1,1]$,算法可通过 "设定当 $w + \sum\limits_{i=1}^{k-1} y_i \leqslant 0$ 时,$y_k = x_k$,除此外,$y_k = -x_k$" 来定义所有的 y_k.那么对于任意的 k,都有 $w + \sum\limits_{i=1}^{k} y_i \in [-1,1]$,令 $f(w) = w + \sum\limits_{i=1}^{m} y_i$,假设 $f(w) = -w$,那么

$$\sum_{i=1}^{k} y_i - \sum_{i=k+1}^{m} y_i = 2\sum_{i=1}^{k} y_i - \sum_{i=1}^{m} y_i$$
$$= 2\Big(w + \sum_{i=1}^{k} y_i\Big) - \Big(w + \sum_{i=1}^{m} y_i\Big) - w$$
$$= 2\Big(w + \sum_{i=1}^{k} y_i\Big) \in [-2,2].$$

这正如我们所期望的那样.

由于 $f(-1) + (-1) \leqslant 0 \leqslant f(1) + 1$,当 f 是连续时,由介值定理知,存在一个 w 使得函数 $f(w) = -w$.当然,情况也不尽然. 当出现某一部分和为 0 时,某些 y_i 的符号就会改变,$f(w)$ 就会出现跳跃(由于当出现部分和为 0 时,我们选定的是"+"号,f 是左连续).不过,可证得 f 的绝对值是连续的.

首先注意到,没有部分和为 0 时,导数 $f'(w)$ 为 1.

另一方面,假设取 $w = w_0$,且有一个或多个部分和为 0,特别是,令 $k \geqslant 0$ 是使 $w + \sum\limits_{i=1}^{k} y_i = 0$ 的最小值,那么,对于足够小的 ε, 当 $j > k$ 时,y_j 和 $w + \sum\limits_{i=1}^{j} y_i$ 的符号就会随着 $w = w_0$ 转为 $w = w_0 + \varepsilon$ 而翻转.因此,取 $j = m$,我们得到:$\lim\limits_{w \to w_0^+} f(w) = -f(w_0)$.

当任一部分和为 0 时,我们将得到 $\lim\limits_{w \to w_0^+} f(w) = -f(w_0)$,这

样由 $g(w) = |f(w)|$ 给出的函数 g 就是处处连续,且在有限个点处不可微.g 的图像是锯齿形的,且当 $g(w) = f(w)$ 时,导数为 1;$g(w) = -f(w)$ 时,导数为 -1.

当然,如果我们由 $h(w) = -w$ 来定义 h,那么 h 的图像就是从 $(-1,1)$ 到 $(1,-1)$ 的斜率为 -1 的一条线,而且必与 g 的图像相交.另外,它要么与 g 的图像交于一点,且在该点处有 $g'(w) = 1$,要么与 g 的图像的某段斜率为 -1 的线段重合,在这种情况下,线段最左端的点也在 f 的图像中.无论是哪种情况,我们都能得到点 w,使 $-w = g(w) = f(w)$ 得以成立. ♥

两盏灯的房间

这一谜题是分散计算中的一个难题.以下的解决方案是由卡内基·梅隆大学的史蒂芬·路蒂奇给出的,即人们熟知的"跷跷板方案".要想了解更多的背景,请参阅菲舍、莫兰(S. Moran)、路蒂奇和托本菲尔德(G. Taubenfeld)合著的"The Wakeup problem"一文[《第 22 届计算理论研讨会会刊》(*Proc. 22nd Symp. on the Theory of Computing*),马里兰州巴尔的摩,1990.5].

在这一方案中,一个十分奏效的想法就是把其中一个开关想象为"石头开关",即这个开关中有石头或是空的;把另一个开关想象成"跷跷板"开关,即要么左边向下,要么右边向下.每个罪犯开始时手里都有两块假想的石头.

最先被叫进房间的那个人一开始就在"跷跷板"向下的一边上,再翘起这一边.只要他手中有石头,他就会一直待在"跷跷板"的那一边上(也就是他必须记住他从哪一边上"跷跷板").当手中的石头用完后,他就降下"跷跷板"他所在的那一边(这只能发生在他在向上的那一边),走下"跷跷板",然后离开活动场,不再参与活动.

在"跷跷板"上,当囚犯在向上的那一边时,他要想办法用掉一块石头;当在向下一边时,他要想办法取得一块石头.这里有这样的一个规则:只有当他发现石头开关中未占用时,才能用掉一块石头,然后打开开关丢掉一块石头,随后予以记下;当他发现石头开关已被占用时,他才能打开开关,取得一块石头,并予以记录.如果石头开关并不处于合适位置,那么他就无所动作.

当一个囚犯收集到 $2n$ 块石头时,他随即能宣布:每个人都已进入过这间房间.结论非常清楚,因为如果在一开始有 $2n$ 或 $2n+1$ 块石头(这取决于石头开关的初始状态),按照规定,石头是不会自生自灭的.因而,每个人都处理过石头.但为何我们需要达到一个人收集到所有石头的状态呢?让我们首先来看看所有在进入房屋之间发生的事,有这样两种情况:a."跷跷板"两边有相同的囚犯数;b. 向上的一边多 1 个人.如果是 a 情况,并且有人上了"跷跷板",在他翘起后,我们进入 b 状态;如果有人走下"跷跷板",他要是从向上那边下的,就要把那边降下来,那么又进入 b 状态.如果是 b 类情况,有人从向下那边上"跷跷板",那么和 a 情况一样;如果他离开,那么向上那边人数就减少一人,又一次出现情况 a.

现在我们假设所有的囚犯都曾进过房间,有 k 个人在"跷跷板"上(另一些人用完石头后已走开),从以上论述中我们可以知道,只要 $k>1$,至少有一个囚犯在"跷跷板"向上的那边,一个在向下的那边,那么向上那边囚犯的石头会落到向下那边囚犯的手中,直到其中一人用完石头离开,则"跷跷板"上的人数减少至 $k-1$.当 k 减少到 1 时,剩下的人将获得所有的 $2n$ 或 $2n+1$ 块石头.于是实施方案到了它的尽头,如果它以前从未达到过这种状态,现

在则是达到了.　　　　　　　　　　　　　　　　♥

　　这一方案是如何构想出来的呢? 我就不太清楚了,问问路蒂奇吧!

面积和直径

　　这个谜题是在经典的《利特乌德的杂俎》(*Littlewood's Miscellany*)(编者:B. Bollobás)这本书的第 32 页上找到的,题目可能是利特乌德(Littlewood)自己编的.这个题的解法应用了初等的微积分知识.

　　拓扑意味的有界闭区域的直径是这个区域中两点间距离最大的值.我们需要表明的是,并不是所有直径为 1 的区域都能被拟合在一个半径为 1 的圆中,例如,一个边长为 1 的等边三角形就不能拟合到半径为 1 的圆中.此外,还没有人能确认,直径为 1 的区域能拟合进的区域面积最小是多少.

　　在不能将其他图形拟合进去的情况下,如何说明在所有直径为 1 的区域中,圆面的面积最大呢? 令 Ω 为直径为 1 的平面上的一个闭区域,使用极坐标来计算 Ω 的面积.我们假设 Ω 是凸的,因为取它的凸闭包,不会增加它的直径.

　　令 P、Q 为 Ω 中距离为 1 的点,将 Ω 置于平面内,使点 P 在原点位置上,而 Q 在 $(1,0)$ 上.令 $R(\theta)$ 是在 θ 方向上离点 P 最远的 Ω 上的点(从 x 轴上量起),而 $r(\theta)$ 是 P 到 $R(\theta)$ 的距离,那么 Ω 中 A 的面积为 $\int_{-\frac{\pi}{2}}^{\frac{\pi}{2}} \frac{r^2(\theta)}{2}\mathrm{d}\theta$. 因为 $r(\theta) \leqslant 1$,所以它是以 $\int_{-\frac{\pi}{2}}^{\frac{\pi}{2}} \frac{1}{2}\mathrm{d}\theta = \frac{\pi}{2}$①

---

① 此题目中,原文的积分上下限分别为 π、$-\pi$,是有问题的,译者将它们分别改为 $\frac{\pi}{2}$、$-\frac{\pi}{2}$.
　　—— 译者注

为界.

这是我们所要找的边界的两倍.不过我们还不必太悲观.因为到目前为止,从我们所做的工作中,我们可以发现,实际上,Ω 是包含在以 0 为圆心、1 为半径的圆面的右半部分中.我们将这半块圆面进一步切割成镜片形,那么如何将它的边界减少至 $\dfrac{\pi}{4}$ 呢?

技巧是,可以根据 θ 的符号将整体分割成两个部分,随后改变一下变量,重新组合就得到以下的式子

$$\int_{-\frac{\pi}{2}}^{\frac{\pi}{2}} \frac{r^2(\theta)}{2}\mathrm{d}\theta = \int_{-\frac{\pi}{2}}^{0} \frac{r^2(\theta)}{2}\mathrm{d}\theta + \int_{0}^{\frac{\pi}{2}} \frac{r^2(\theta)}{2}\mathrm{d}\theta$$

$$= \int_{0}^{\frac{\pi}{2}} \frac{r^2\left(\theta - \frac{\pi}{2}\right)}{2}\mathrm{d}\theta + \int_{0}^{\frac{\pi}{2}} \frac{r^2(\theta)}{2}\mathrm{d}\theta$$

$$= \int_{0}^{\frac{\pi}{2}} \frac{r^2(\theta) + r^2\left(\theta - \frac{\pi}{2}\right)}{2}\mathrm{d}\theta^{①}.$$

根据毕达哥拉斯定理,$r^2(\theta) + r^2\left(\theta - \dfrac{\pi}{2}\right)$ 是 $R(\theta)$ 与 $R\left(\theta - \dfrac{\pi}{2}\right)$ 的距离的平方,因此这个表达式是以 Ω 的直径的平方(即 1)为界,所以 $A \leqslant \displaystyle\int_{0}^{\frac{\pi}{2}} \frac{1}{2}\mathrm{d}\theta \leqslant \dfrac{\pi}{4}$,得证. ♥

恰到好处的分划

1970 年,在辛菲罗波尔举行的第四届全苏联数学竞赛中出现

---

① 此题目中,原文的积分上下限分别为 π、$-\pi$,是有问题的,译者将它们分别改为 $\dfrac{\pi}{2}$、$-\dfrac{\pi}{2}$.
　　——译者注

了这道题,只不过,当时那道题中 n 取的是 100.这道题是如此优美,以至于我们常称之为定理,然而事实也的确如此.详见艾尔多什、金伯格(A. Ginzburg)和兹夫(A. Ziv)的论文《堆垒数论中的定理》("Theorem in the Additive Number Theory")[《以色列研究理事会公报》(*Bulletin of the Research Council of Israel*)第 10F 卷(1961)第 41～43 页].

下面的证明只运用了初等数学技巧.

当一个集合的成员对模 n 的和为 0 时,我们称这个集合为"平坦"的.我们首先注意到,需要证明的内容隐含了下面较弱的陈述:若 S 是由 $2n$ 个数组成的"平坦"集,那么 S 能被分成两个大小为 n 的"平坦"集.然而,随即意味着,对于任一含有 $2n-1$ 个数的集合也包含着一个大小为 n 的"平坦"子集,因为我们可以加进第 $2n$ 个元素,使得原来的集合"平坦",然后,将上述思路应用到新分成的两个大小均为 n 的"平坦"子集上.于是其中的一个子集(不含新数的那一个)就能满足题目要求.所以,三种表述实际上是等价的.设想我们能对 $n=a$ 和 $n=b$ 来证明第二个表述.如果一个大小为 $2n=2ab$ 的集合 S,对模 ab 的和为 0,那么对于 a 来说,S 就是"平坦"的.我们可以分离出那些大小为 a,且关于 a"平坦"的子集 $S_1,\cdots,S_{2b}$,每一个这样的子集 S_i 都有一个和,将这些和写成 ab_i 的形式,则数 b_i 就构建了一个大小为 $2b$、对模 b 的和为 0 的集合.从而我们可将它们分成两个关于 b 是"平坦"的且大小为 b 的集合.每部分中的 S_i 的并就是最初的 S 的一个二分集,且分成大小为 ab 的"平坦"集,而这结果正是我们所需要的.

接下来,如果我们能证明,当 $n=p$ 为素数时命题也成立,那么我们就证明了对所有的 n 命题都成立.假定 S 是一个大小为

$2p$ 的集合, 我们的想法是建立一个大小为 p 的"平坦"子集.

我们如何才能构造出这样一个子集呢? 一个自然的想法是, 先将 S 中的元素配对, 再从每对中选出一个元素. 当然, 如果我们那样做的话, 那么从每对中选出的元素就能保证做到对模 p 就是不同的. 所以, 我们的选择并非霍布森簇(Hobson's variety). 如何来做呢?

将 S 中的元素对模 p 进行排列(从 0 到 $p-1$), 考虑这样的配对 (x_i, x_{i+p})(其中 $i=1,2,\cdots,p$), 如果对于某个 i 来说, x_i 和 x_{i+p} 对模 p 等价, 那么 $x_i, x_{i+1}, \cdots, x_{i+p}$ 对模 p 都等价, 那么我们从中取出 p 个就可以得到我们所需要的子集.

一旦有了这些对子, 于是可以通过"动态规划"来继续进行操作. 设 A_k 是一个关于和(对模 p)的集合, 这些和是通过将前 k 对数对中增加一个数目而得到的, 那么 $|A_1|=2$, 并可断言 $|A_{k+1}| \geqslant |A_k|$, 而且只要 $|A_k| \neq p$, $|A_{k+1}| > |A_k|$, 这是由于 $A_{k+1} = (A_k + x_{k+1}) \bigcup (A_k + x_{k+1+p})$, 因此, 如果 $|A_{k+1}| = |A_k|$, 那么这两个集合是完全相同的, 即意味着 $A_k = A_k + (x_{k+1+p} - x_{k+1})$, 然而由于 p 是素数, 而且 $x_{k+1+p} - x_{k+1} \neq 0 \pmod{p}$, 因此除非 $|A_k| = 0$ 或 $|A_k| = p$, 否则 $A_k = A_k + (x_{k+1+p} - x_{k+1})$ 是不可能成立的.

由于总共有 p 对, 因此当某个 $k \leqslant p$ 时, 我们最终会有 $|A_k| = p$, 于是 $|A_k| = p$, 特别地, $0 \in A_p$, 从而定理得证. ♥

任意摆放的餐巾问题

我们希望能算出桌号 0(对模 n 而言)的食客的餐巾被别人拿走的概率, 当 $n \to \infty$ 时, 这一数量的极限就是我们所期望的无餐巾者的极限分数.

我们假设,每个人都是预先决定是取右边的餐巾还是左边的餐巾,如果两边均有餐巾的话.当然,可能会有些人不得不改变他们的初衷或没有餐巾可取.

我们假设,第 1 号、2 号、…、$i-1$ 号食客选择右边的餐巾(远离食客 0),而第 i 号食客选择左边的餐巾;-1 号、-2 号、…、$-j+1$号食客选择左边的餐巾(远离食客 0),而食客 $-j$ 选择右边的餐巾.

如果 $k=i+j+1$,那么这一情形的概率为 2^{1-k},注意 i、j 至少为 1,而最大的概率小于 $\dfrac{n}{2}$.

不难发现,如果 0 号食客是 $-j$ 至 i 号食客中最后一个拿餐巾的人,且 $-j+1,\cdots,-2,-1,1,\cdots,i-1$ 号中没有人拿到自己想拿的餐巾,那么 0 号食客将会没有餐巾可拿.如果 $t(x)$ 表示在 t 时刻第 x 号食客开始拿餐巾,那么 $t(0)$ 是 t 在 $[-j,-j+1,\cdots,0,\cdots,i-1,i]$ 内唯一的局部极大值.

如果画出 t 在此区间内的图像,那么它看起来就像一座山峰,$(0,t(0))$ 是山顶.说得更确切一些,即 $t(-j)<t(-j+1)<\cdots<t(-1)<t(0)>t(1)>t(2)>\cdots>t(i)$.

一般的做法是对固定的 i、j 计算此事件的概率,但我们不这样做,更方便的办法是考虑所有满足以下条件的数对 (i,j):对于给定的 k,有 $i+j+1=k$ 成立.这样 $t(-j),\cdots,t(i)$ 的值共有 $k!$ 种排列方式.假如 T 是所有 k 个抓取餐巾时刻的集合,且 $t_{\max}$ 是其中最后一个,那么每个山峰序列将由 $T\backslash\{t_{\max}\}$ 的非平凡子集唯一确定,因此能构成这一山峰的排序数为 $2^{k-1}-2$.

最后,0 号食客的餐巾被别人拿走的总概率为 $\sum\limits_{k=3}^{\infty}\dfrac{2^{1-k}\cdot(2^{k-1}-2)^{①}}{k!}$

$=(2-\sqrt{e})^2\approx0.123\ 396\ 75.$ ♥

将这个值与心怀恶意的餐厅总管所导致的 $\dfrac{9}{64}=0.140\ 625$ 相比,差别不大,餐厅总管的所作所为,比起纯属随机来,也好不到哪里去。

与求和相比,偏爱积分的读者可能更喜欢如下的简洁证明〔由澳大利亚莫纳什大学的艾丹·苏德布里(Aidan Sudbury)建议的办法加以简化〕.我们可以假设每个食客"抓取时间"$t(i)$ 是独立的,是[0,1]区间内的任意实数.设想食客们形成了二重无限长直线,而不是围成一个圆桌,令 $p(t)$ 为 t 时刻一位食客抓取餐巾时发现右边餐巾不见了的概率。

这一事件可能会发生在以下情形中:如果这位食客右边的食客先取餐巾,那么要么这位食客是自愿取左边的餐巾;要么是这位食客右边的食客先取走了其右边的餐巾,他不得不拿左边的餐巾.于是 $p(t)=\dfrac{1}{2}t+\dfrac{1}{2}\int_0^t p(s)\mathrm{d}s$,对 t 求导,然后重新排列、组合,得到

$$\frac{\mathrm{d}p}{\mathrm{d}t}=\frac{1}{2}+\frac{1}{2}p,$$

$$\frac{2}{1+p}\mathrm{d}p=\mathrm{d}t,$$

$$2\ln(1+p)=t+C,$$

---

① 原文在此为 $\sum\limits_{k=3}^{\infty}\dfrac{2^{1-k}\cdot2^{k-1}-2}{k!}$,实际上应加括号.——译者注

但由于 $p(0)=0$,从而 $C=0$,因此 $p(t)=e^{\frac{t}{2}}-1$.

当然,食客在 t 时刻取餐巾时发现左边餐巾不见了的概率与上者相同,这就是这一方法的美妙之处.对于给定的 t,两个事件是相互独立的.由此 t 时刻一位食客没有餐巾的概率为 $p^2(t) = (e^{\frac{t}{2}}-1)^2$,就抓取时间上平均后:$\int_0^1 (e^{\frac{t}{2}}-1)^2 dt = (2-\sqrt{e})^2$. ♥

战场上士兵的分组

我们称那些可以两两互相监视的士兵为"同伴".正如在"恍然大悟"那章中所谈及的那样,在任一组内两个相互最靠近的士兵称为"同伴",那么在这个组中(我们说这个组的人数为 k)不可能有其他对"同伴",因为如果有两对这样的同伴,那么剩下的 $k-4$ 个战士不足以既监视这 2 对"同伴",又关注到 $k-4$ 个单个的士兵.所以,如果我们能计算出任意给定的士兵有一个同伴的概率 p,我们就能决定组的平均人数 g,因为 $p=\dfrac{2}{g}$,所以 $g=\dfrac{2}{p}$.

我们从 1 个士兵 X 的情况开始.此时,士兵在面积为 1 平方英里的正方形战场的中间,随后,我们在某时同时加入 n(非常大)个战士,且每个士兵处于 F 中的任一位置上.我们称第二个士兵为 Y,用小写字母 x 和 y 表示 X 和 Y 的位置,用 N 来表示 Y 与 X 距离最近的事件,用 M 来表示 Y 是 X 的同伴的事件.由于 Y 离 X 最近的概率与其他的士兵离 X 最近的概率相同,因此 $\Pr(N)=\dfrac{1}{n}$,我们想要计算的是 $p=\dfrac{\Pr M}{\Pr N}$.

若要使 N 事件发生,则需要没有其他士兵能进入以 X 为圆心、经过点 Y 的圆的内部;若要使 M 事件发生,则必须没有其他士兵进入上述这个圆以及此圆与以 Y 为圆心、经过点 X 的圆的重叠部分.

前面的区域与后面区域的比为 $c = \dfrac{\pi}{\dfrac{4}{3}\pi + \dfrac{\sqrt{3}}{2}} \approx 0.621\,504\,9$(当

然,这个比不依赖于 x 到 y 的距离 r,下页的图表示如何使用单位圆中的有关数据来计算 c).

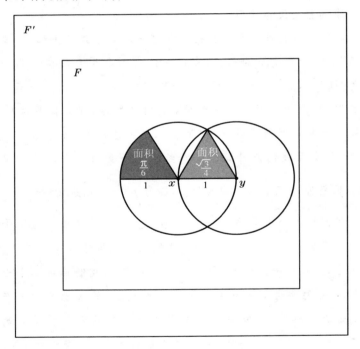

设想一下:我们把包含 F 且面积为 $\dfrac{1}{c}$ 平方英里的区域记为 F',令 M' 为以下事件:当其余的士兵任意地安排在 F' 中而不是 F 时,Y 最终成为 X 的同伴.那么无论 r 的值为多少,F' 中新士兵破

坏事件 M' 的概率同 F 中新士兵破坏事件 N 的概率相等,因而 $\Pr M' = \Pr N = \dfrac{1}{n}$.

现在假设 Y 本身是从 F' 而不是仅仅从 F 中选取的,为了有机会成为 X 的同伴,他必须处于一个较小区域内,此事件的发生概率为 c.刚才我们发现,如果他在 F' 中,那么他最终成为 X 同伴的概率为 $\dfrac{1}{n}$,这样合起来看,则 Y 成为 X 同伴的概率为 $\dfrac{c}{n}$,所以 $p = c$.由此,组的平均大小为 $\dfrac{2}{p} \approx 3.217\,995\,6$. ♥

上述证明并不是很严密,因为极限和边缘效应还未考虑到.热衷于微积分和泊松点分布的人会发现,通过 r 用积分来计算 p 得到 $\int_0^\infty e^{-\frac{\pi r^2}{c}} 2\pi r\,dr$ 的算法更直接,也许会更令人信服.

不过,上述证明更为普遍且更为初等,并且除了计算 c 外,与维数无关.如果士兵们站成一条线,那么对于组的大小平均为 3 的情况而言,比率 c 为 $\dfrac{2}{3}$;在空间中(可能是蛙人),对于平均人数为 $3\dfrac{3}{8}$ 的组而言,比率 c 为 $\dfrac{16}{27}$.当维数增大时,$c \to \dfrac{1}{2}$,所以 $g \to 4$.奇妙吧? 维数为 1 和 3,而不是 2 时,答案是有理数.

西蒙弗雷泽大学的路易斯·果丹(Luis Goddyn)将这题介绍给我(并给出了微积分解法).同时,他还指出,关于某个士兵是否被监视的问题也同样有趣.我和他都不知道该如何计算那个数,但他认为,在平面上,这个概率理论上大约为 28%(在直线上约为 25%).顺便说一句,当在度量空间上通过连接与每个点最近的邻点而获得的图,我们称为加百利图(Gabriel graph).

平面上的 Y 字母

这里有俄亥俄州立大学的冉蒂·多尔蒂(Randy Dougherty)所提供的简洁证明.与每个 Y 相伴的是 3 个有理圆(圆心和半径都为有理数),有理圆包含端点,并且足够小,不包含 Y 的任何其他"枝杈"并与之不相交.我们断言,没有三个 Y 字母会有相同的三组圆,因为,如果这是真的,那么我们能将每个 Y 的中心同每个圆的中心连接起来,方式为:沿着合适的"枝杈"一直到圆,然后沿着半径到达圆心,这样就给出一个图 $K_{3,3}$(有时,也称为"气—水—电网络")的平面嵌入.

换句话说,我们在平面上构造了 6 个点,将其分为两个集合,每个集合有 3 个点.一个集合中的每个点同另一集合中的每个点以一曲线相连,而且没有两条曲线相交.但这是不可能的.事实上,熟知库拉托夫斯基定理的读者,早已将此图视为两个最基本的非平面图之一了.

为了明确 $K_{3,3}$ 不可能没有交叉就嵌入平面这一点,设有两个顶点集 $\{u,v,w\}$ 和 $\{x,y,z\}$.若能使其不相交就嵌入平面中,则 u,x,v,y,w,z 将表示六边形的相邻顶点,边 uy 将落入六边形的内部或外部(假设其落在内部),那么为避免与 uy 相交,vz 将必落在外部,而 wx 将无处可去. ♥

更多的磁性货币

这是美国纽约大学的乔尔·斯宾塞和他的学生罗勃陀·欧里佛拉(Roberto Oliveira)研究的关于波利亚缸问题的变式.十分

简洁的方法就是应用无记忆等待时间来证明.这一方法来自"游戏"这一章,在解决格斗士问题的第二种变式中显得十分有效.

我们只关注第一个缸,并假设等待时间是无记忆的.在第 n 个与第 $n+1$ 个硬币之间平均等待时间为 $\dfrac{1}{n^{1.01}}$.开始时硬币进得很慢,而且是零星的,随后越来越快.由于级数 $\sum\limits_{n=1}^{\infty}\dfrac{1}{n^{1.01}}$ 收敛,因此最后在某一时刻(大概是距这一过程开始后的 4 天零 4 小时 35 分钟)此缸中将暴增无限多个硬币,多得不堪忍受,几乎要爆裂了.

现在假设,我们同时开展两个类似的过程,每个缸中均进行类似的过程.如果在某时刻 t,在第一个缸中有 x 枚硬币,在第二个缸中有 y 枚,那么(正如我们在格斗士灯泡问题中所见的那样),下一枚硬币进入第一个缸中的概率恰为

$$\frac{\dfrac{1}{y^{1.01}}}{\dfrac{1}{x^{1.01}}+\dfrac{1}{y^{1.01}}}=\frac{x^{1.01}}{x^{1.01}+y^{1.01}}.$$

其实,第 x 枚硬币进入第一个缸中(或 y 枚硬币进入第二个缸中)有多长时间是无关紧要的,因为整个过程是无记忆的,所以这个加速实验是忠实于原问题的.

然而,现在看看发生了什么.两个缸爆裂的时间是不同的,其概率为 1(对此,你只需知道第一个等候时间是一个连续分布即可).而这个实验是在第一个缸爆裂时结束的,其时,另一个缸中的硬币数只能是有限多. ♥

这种实验看起来有点惊人,那个慢的缸似乎永远装不满,因为时间到了尽头.

第 *12* 章

未解决的谜题

除非人们经历由知到不知的过程,否则,什么也学不到.

——克劳德·贝尔纳(Claude Bernard,1813—1878)

引用我一位朋友的一句话:"? $ ％ ＆ ♯ @! 是什么,是一个未解决的谜题吗?"

如果一个谜题迄今还没有一个解决方法,那么当然也就不可能知道,是否存在一个比较优美的解决方法.

鉴于问题本身具有一定的优美性和趣味性,一些尚未解开的谜题至今仍具有极大的吸引力.

数学家,尤其是那些在艾尔多什传统(寻求未知问题的最简单解法)下成长起来的,像本书作者那样的人,通常会夸大这类问题.当这些热衷者聚集在一起时,你通常会听到这样一些对话:

"这是经常困扰我的问题,你知道答案吗?"

"事实上,我并不能确定我是否知道这个简单问题的答案."

"你在开玩笑吗?我连有没有答案还不知道呢!"

当然,我们必须区分一个未解决的谜题和未解决的问题,如黎曼猜想或 $P=NP$ 之类的问题.未解决的问题可能是基本的或优美的,也可能不是,但它们是十分重要的;它们常常是在探索数学的过程中产生的(通常是作为障碍而产生的),所以经常会被用来加以研究.在未解决的问题的陈述中通常需要"专业的"数学概念(如图、群、流形、变换、表示等),而这些是不会在谜题中出现的,即便它们蕴含在问题的叙述之中,或者在最终的解法中必不可少.

未解决的谜题应具有趣味性、迷惑性以及困惑性,但不一定是重要的.当然,每个这样的谜题都会具有不同程度的重要性,因为它代表了数学宝库中的某种缺陷.

就我们所知,解决这些未解决的谜题或许能揭示出有价值的重大数学技巧,或许也能反映出某些深刻的数学理论(不在本书范围内)的实际应用.

像下面的关于闭集之并猜想和 $3x+1$ 等谜题吸引了数学界众多人士的眼球,人们饶有兴趣地参与其中,并合理地推测,它们的任何一种解法(不管它们有无应用价值)都将引起公众的巨大兴趣.

下文所讲的这些谜题,主要是为了引起读者的兴趣,另一方面是想提醒我们大家对它们其实所知无几.

如果有人阅读本书后解开了其中的一个问题,那将是一个小小的奇迹.

如果你认为已经解决了其中的一个难题,你十之八九可能弄错了.

利用所附的参考文献向数学专业朋友讨教或使用互联网的

搜索功能以便提升自己的素质去解此谜题.如果运气好,你或许会在当众出丑之前,发现自己就要掉入某个众所周知的陷阱之中.

如果你仍认为自己已得出的解法是正确的,你可以写下来并投送给某家合适的数学杂志.但不要寄给我,我并不是解决这类问题中任何一个的专家.

在这一章中,当然不会再有解法了,然而我们仍会沿用前面几章的格式,先列出谜题,然后是评论注释,以及问题的信息来源.让我们先从一个典型的题目开始.该题是由约翰·康威提供的.祝你交上好运!

康威的天使和恶魔

一个天使在一个无限广阔的棋盘上空飞行,她必须时时在某个棋格上着陆休息.在她落地之前,飞行距离不能超过 1 000 个王步.然而,当她在空中飞行时,待在棋盘下的恶魔能随心所欲地摧毁任意一个棋格.

恶魔能使天使落入陷阱吗?

"$3x+1$"谜题

从任意一个正整数开始,重复以下做法:如果这个数是偶数,将它减半;如果这个数是奇数,取它的三倍再加上 1.试证明:你最终会进入一个循环,更妙的是,循环是以这样的形式表现的:1,4,2,1,4,2,….

最长的公共子列

生成长度为 n 的两个任意的、独立的二进制数序列,每一个 1

出现的概率为 p，设 $C_p(n)$ 是这两个序列中最长的公子序列的长度，而 C_p 是比值 $\dfrac{C_p(n)}{n}$ 的极限.

计算 $C_{\frac{1}{2}}$ 的值，或至少证明：对于 $p \neq \dfrac{1}{2}$，有 $C_{\frac{1}{2}} < C_p$ 成立.

正方形的"湖"

证明：平面上每条简单封闭曲线上都存在着四个点，它们是一个正方形的顶点.

孤独的跑步者

在一个没有终点的跑步比赛中，n 个跑步者从某一点同时出发，各自以不同的且不变的速度开始沿着一个圆形轨道（单位长）不停地跑.证明：每个跑步者和其他跑步者之间相隔的距离在某时刻至少为 $\dfrac{1}{n}$.

箱子中的对分类

将 n 个箱子排成一排，第 i 个箱子中放了两个标号为 $n+1-i$ 的球，任何时候，都可以交换两个相邻箱子中的球，要使每个箱子中放入的球的编号都与箱子的编号相同，那么需要交换多少次球呢？

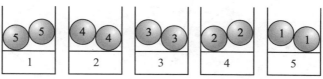

多面体的展开

试证明:总有可能沿着多面体的边切开凸多面体,使得凸多面体的表面能展开成一个简单的平面多边形.

照明多边形

平面上的每个多边形区域(有反射边)是否都能从其某内点处进行照明呢?

康威的"Thrackle"

一个"Thrackle"是指由符合以下性质的顶点(点)和边(与自身不相交的曲线)所组成的平面图像:

• 每条边以两个不同的顶点为端点,且不碰到其他顶点;

• 每条边与其他边只相交一次,交点可以是顶点或是某个内点.

是否存在边比顶点多的"Thrackle"?

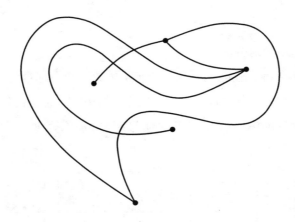

交通堵塞

在无限的平面网格上,格点的选择是相互独立的,概率为 $p \in (0,1)$,并且可以通过抛掷硬币的方法来决定是往北走的方向堵车还是往东走的方向堵车.

车辆是受交通信号灯控制的.信号灯以"绿—东"和"绿—北"的形式交替变换.当信号灯变为"绿—东"时,对于每辆往东开的汽车来说,如果它右边的邻点是空着的,那么它就开到那个格点上,其余的车辆(包括被其他往东走的汽车堵住的车)原地不动.

当信号灯转为"绿—北"时,每个未受堵的向北行驶的车朝北开一个格.

实验似乎在向人们提示以下的事实:当 p 小于某个临界值 $p_\circ$ 时,汽车会逐渐畅通无阻,也就是说存在一极限速度等于从未受阻车辆的速度.但当 $p > p_\circ$ 时,就会出现相反的情况:汽车会无助地纠缠在一起,每一辆汽车在被阻之前,只能走有限几步.

你的任务是:如果你选择接受这一结论,就请给出证明吧!

中级猜想

证明：对一个大小为 $2n+1$ 的集合来说，你可以通过一次添加或减少一个元素来循环得到所有大小为 n 或 $n+1$ 的子集.

构造文氏图

一个 n—文氏图是指平面上 n 条简单闭曲线的集合，这些曲线的交都是简单交叉，并具有如下特征：对于曲线的任何子集而言，由子集曲线内以及其他曲线外的点构成的点集是平面上除去曲线并集的一个非空连通分支.

问：平面上的每个 n—文氏图能否拓展为 $n+1$—文氏图？

咀嚼策略

对于某个给定的数 k，爱丽丝和鲍勃玩以下游戏：爱丽丝说出 k 的某个因子，鲍勃说出 k 的另一个因子，但它不能是爱丽丝刚才说的那个因子的倍数.爱丽丝说的第三个因子不能是前面任意一个因子的倍数，以此类推，谁说到"1"，谁就输了.

我们注意到，这个游戏是第 9 章"咀嚼游戏"的推广，$k=$

$2^{m-1}3^{n-1}$ 相当于在一块 $m \times n$ 的巧克力块上做游戏.早先的证明已经得到了推广,但给我们留下了以下的问题(既针对巧克力块问题,也针对它的推广问题):请为爱丽丝设计一个获胜的策略吧.

条条大路通罗马

假定一个城市网络(没必要是平面的)和单行道有如下性质:从每个城市开始都有两条道路引出,对于 n 个城市,用 n 步就可以从任何一个城市到任一其他城市.

证明:你可以用下面的方法把道路涂成红色和蓝色,也就是,(a)每个城市都有每种颜色道路的出口,(b)无论你从哪个城市出发,总会有一组指令(如"*RBBRRRBRBBR*")引回同一城市.

圆面上的圆面

证明:总面积为 1 的任一圆面集合都可以重新配置到一个面积为 2 的圆面中去.在更一般的情况下,还可以证明,在 d 维空间中,总体积为 1 的任一凸形集合经重新组合后都能包装到一个体积为 2^{d-1} 的凸图形中去.

并一闭集猜想

U 是一个有限集,F 是 U 的一非空子集族,且在并集下是闭合的.证明:U 中有一个元素至少包含在 F 族的一半集合中.

解 答 与 注 释

康威的天使和恶魔

近来,关于这个谜题的一些进展,可以从一本极好的问题集 *Games of No Chance* 中找到,该书是 1996 年由剑桥大学出版社出版,理查德·诺瓦克斯基(Richard J. Nowakowski)编写的.

埃尔温·伯莱坎普已经证明了,如果天使有"力量 1",也就是说,只能移动一个王步,那么魔鬼能赢.事实上,也可能是这样,不管天使的力量是什么,魔鬼都能赢;然而,据我们所知,天使有力量 2 就足够永生了.

看起来似乎有 1 000 力量的天使应该能赢,但是谜题的设计者约翰·康威在他的论文中指出,在问题解决过程中还存在着一些干扰因素,其中的一个问题是魔鬼从来不会犯错误,无论他毁坏的是哪些棋格,他的情况总是比最初情形要好得多;另一个问题是魔鬼对天使任一"潜在功能"的策略都有应对措施,他可依据毁掉的棋格来误导天使往哪里飞.

另外,如果天使遇到些小障碍,譬如说,如果规定向南飞行到达特定的点不能超过 10^{99} 个棋格,那么魔鬼将会获胜.

康威本人仍然相信天使,正如事实所反映的那样,他曾为"证明魔鬼能赢"提供了 1 000 美元的奖金,而只用 100 美元来奖励其力量达到足够大而稳操胜券的天使.

"$3x+1$"谜题

这一著名谜题也称为考拉茨(Collatz)问题、叙拉古(Syracuse)问题、角谷(Kakutani)问题、赫塞(Hasse)问题或伍拉姆(Ulam)问题,究竟从何而来,仍不清楚.汉堡大学一名叫罗萨·考拉茨(Lothar Collatz)的学生曾在他 1932 年 7 月 1 日的笔记中记录过一个类似的问题,不过,这个问题只是在 20 世纪 50 年代才引起人们的广泛关注.

AT&T 实验室的杰弗里·拉加里亚斯(Jeffrey Lagarias)在《$3x+1$ 问题及其推广》("The $3x+1$ Problem and its Generalizations")[《美国数学月刊》(*American Mathematical Monthly*)第 92 卷(1985)第 3~23 页]一文中详细阐述了这一问题,更详细的内容也可以在拉加里亚斯的个人主页上查到.

拉加里亚斯指出,曾有一时,此谜题被当作蓄意阻挠美国数学研究的一个阴谋.读者不妨把它当作一次警告吧!

最长的公共子列

这个谜题至少可以追溯到 30 年前,它曾是 1974 年瓦维克大学的丹斯克(V. Dančik)的博士论文题目.宾夕法尼亚大学的迈克尔·斯提尔(Michael Steele)猜想 $C_{\frac{1}{2}} = \dfrac{2}{1+\sqrt{2}} \approx 0.828\ 427$.施瓦塔尔(V. Chvátal)和逊科夫(D. Sankoff)证明了 $0.773\ 911 < C_{\frac{1}{2}} <$

0.837 623，看来斯提尔的数据大了些；最后加州大学欧文分校的乔治·鲁克（George Lueker）在 2003 年推翻了这一猜想，其结果是 $0.788\,0 < C_{\frac{1}{2}} < 0.826\,3$，对此在《第十四届 ACM-SIAM 离散算法研讨会会刊》（*Proc. 14th ACM-SIAM Symp. on Discrete Algorithms*）（马里兰州巴尔的摩，2003，第 130～131 页）中有简短的报道.

在次可加性下，证明 C_p 存在是较容易的［可参阅里克·达雷特（Rick Durrett）所著的《概率：理论与实例》（*Probability: Theory and Examples*），沃滋沃斯出版社，1991，章节 6.6］，但是常常没有线索来计算问题中的常数.另一个例子：贝拉·波罗巴斯（Béla Bollobás）和我都证明了，存在一个数 K_d 具有以下性质：在 d 维空间任意 n 个点中，最长的坐标态递增链长度约为 $K_d \cdot n^{\frac{1}{d}}$.我们知道，当 $K_1 = 1, K_2 = 2, \lim_{d \to \infty} K_d = e$，那么 K_3 呢？

如果我们改变一个"1"的概率，假定 $p > \frac{1}{2}$，那么我们可以得出 $C_p > p$.因此，当 $p \to 1$ 时，$C_p \to 1$，当 $p = \frac{1}{2}$ 时，C_p 最小.我们不必知道 C_p 的精确值及其证明，到目前为止也没人知道怎么求证.

正方形的"湖"

在加州大学欧文分校的网站上曾有一些关于这个谜题的精彩讨论.还有一些证明是关于平面内充分光滑的闭合曲线总是包含着正方形的角的，例如沃尔特·斯特罗姆奎斯特（Walter Stromquist）的一文《封闭曲线中的内接正方形与类似正方形的四边形》（"Inscribed Squares and Square-Like Quadrilaterals in

Closed Curves")[《数学杂志》(*Mathematika*)第 36 卷第 2 期第 187~197 页].一般性的猜想 90 多年来一直悬而未决,详情可参阅美国数学协会的斯坦·沃根和维克特·克里于 1991 年写的《平面几何与数论中的新、旧未解决问题》(*Old and New Unsolved Problems in Plane Geometry and Number Theory*).

　　稍有点难为情的是,数学家们还不能确定平面内每个闭合曲线是否都包含着正方形的角,难道你不这样认为吗?

孤独的跑步者

　　这个有趣的猜想可能源于威尔斯(J. M. Wills)的一篇论文,题为《关于无理数的非齐次丢番图近似的两个定理》(原论文为德文)("Zwei Satze uber Inhomogene Diophantische Approximation von Irrationalzahlen")[《数学月刊》(*Monatsch fur Mathematik*)第 71 卷(1967)第 263～269 页].在 1973 年,库斯克(T. W. Cusick)也曾独立地得出过结果,1984 年他还和卡拉·波默朗斯(Carla Pomerance)一起证明过 5 个跑步者的情况.此外,汤姆·伯曼、罗恩·赫茨曼和丹尼尔·克莱特曼曾讨论过 6 个跑步者的情况,你可以在网上查到他们的论文.

　　谜题的名字出自西蒙弗雷泽大学的路易斯·果丹,他在收集本问题有关文献的工作中是一位有功之臣.

　　这个谜题与数论有关.事实上,证明时可以把所有的速度都假定为整数.

箱子中的对分类

　　这个奇特的谜题早期是出现在贝尔通信研究所(Bellcore)

[现在的卓讯科技（Telcordia Technologies）]的一项统计调查中. 我和同事迈克尔·利特曼（Michael Littman）（现就职于罗格斯大学）、格雷厄姆·布莱特威尔（伦敦经济学院）曾一起研究过此题. 题目的一般化不只是表现在一个盒子里有 k 个小球的情形,还有盒子大小不确定的情形.在这里,我们主要考虑的是大小为 2 的盒子.

如果把装有 n 个小球的 n 个盒子（大小为 1）以逆序进行标记,可计算出,需要 $\binom{n}{2}$ 次交换能将每个小球放进适当的盒子里. 从中可以观察到,开始时,每对球的编号都与盒子编号不一致,邻近的一次交换只整理了一对小球.这也就告诉我们,只要我们不做傻事（譬如说,交换已经符合要求的小球）,我们会在 $\binom{n}{2}$ 步后完成正确放置.事实上,无论最初情形是怎样的,有 $\binom{n}{2}$ 步就足够了.正如你们所预料的那样,逆序是最糟糕的情况.

显然,上述讨论也适合一个盒子里有两个小球的情形.可以假定把小球分为两组:一组是红色,另一组是绿色,每组编号都是从 1 到 n,分别用 $2\binom{n}{2}$ 步可将每组分类,但 $2\binom{n}{2}$ 步一定是必需的吗?

不是的,取 $n=5$ 来看看（见下面的图表）,令我们不可思议的是,只用 15 次交换就可将小球分类了,而不是看上去必不可少的 20 次.

这 15 次交换是最好的做法.在更为一般的情况下,假如有 n

1	2	3	4	5
55 → 44		33	22	11
54	54 → 33		22	11
54	43	53 → 22		11
54	43	32	52 ← 11	
54	43	32 ← 21		51
54	43 ← 21		32	51
54 ← 31		42	32	51
41	53 → 42		32	51
41	32	54 → 32		51
41	32	42	53 → 51	
41	32	42 → 31		55
41	32 → 21		43	55
41 ← 21		32	43	55
11	42 ← 32		43	55
11	22	43 ← 43		55
11	22	33	44	55

个盒子, 每个盒子里面有 2 个小球, 则需要用 $\left\lceil \dfrac{\binom{2n}{2}}{3} \right\rceil$ 次交换. 为了理解这一点, 我们把一个"经过"赋值 1 点, 所谓"经过"是指编号大的球经过编号小的球的左边到达右边的过程. 在"经过"的起始两阶段过程中, 把 $\dfrac{1}{2}$ 点赋予每次"拿起球"和"向前移动"的动作. 此外, 两个相同编号必有 1 点"代价", 因为他们必在某点分离 $\left(\dfrac{1}{2}$ 点$\right)$, 然后重组. 所以, 在分类过程中共需要 $\binom{2n}{2}$ 点.

那么, 在一步中, 需要处理多少个点呢? 假设标号为 u 和 y 的小球在两个相邻盒子(一个盒子装着 u 和 v, 另一个盒子装着 x

和 y)之间进行交换,则 $u-y$ 对可得 1 点, $u-v$ 对("向前移动")和 $y-x$ 对各自可得 $\frac{1}{2}$ 点, $u-x$ 对("拿起球")和 $y-v$ 对各自可得 $\frac{1}{2}$ 点,总数是 3 点.范围限制如下:

有些好的方面:在大小为 1 的盒子的情况下,不难说明逆序情形仍然是最糟糕的情况.所以,如果从最初情形开始,把 n 个盒子(一个盒子里有两个球)分类至少需要 $f_2(n)$ 次交换,那么在此题目中, $f_2(n)$ 次交换是必不可少的.同样也容易证明,如果在盒子 i 和 $i+1$ 之间有一次交换,那么把盒子 i 里编号最大的小球和盒子 $i+1$ 里编号最小的小球进行交换是不会出错的.

但也有些不好的方面:否则,这个谜题就不会列入这一章了.在这里, $\left[\dfrac{\binom{2n}{2}}{3}\right]$ 并不总是能达到的,如 $f_2(6)\geqslant 21$,但实际上,用计算机来处理六个盒子的情形至少需要 22 次交换.更为糟糕的是,对五个盒子的情况来说,那个看似漂亮的交换模式似乎并不是最好的模式.当然,可能还有其他更佳方案,甚至还可能提供一个关于 $f_2(n)$ 的公式.

多面体的展开

实际上,可以考证的是,这个谜题由来已久,可以参考《*The Painter's Manual*:*A Manual of Measurement of Lines*,*Areas*, *and Solids by Means of Compass and Ruler Assemble by Albrecht Dürer for the Use of All Lovers of Art with Appropriate Illustrations Arranged to be Printed in the Year*

MDXXV》,1977 年由阿伯瑞斯书局(Abaris Books)再版.此问题从理论上来说是这样的,假如你想装饰一个多面体,可以想象把它沿着边切开,并不重叠地展开在平面上.

关于谜题的具体论述可参阅东安格利亚大学舍普哈德(G. C. Shephard)的论文"Convex Polytopes with Convex Nets"[剑桥大学哲学学会数学学报(*Math. Proc. Camb. Phil. Soc*)第 78 卷(1975)第 389~403 页].

我们知道,有非凸多胞形(不能按照上述方式切割和放置),有凸多胞形(可以展开,但有自身重叠部分),还有常态多胞形.下面的图片仅仅是四面体的一个例子,是由东京大学的丙木真琴(Makoto Namiki)提供的.

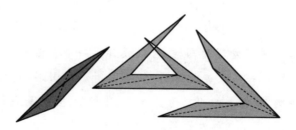

顺便提一下,并不一定总能用一种确定的方式将每个展开都折成凸多面体.读者可以参考福田幸明(Komei Fukuda)的相关研究.

照明多边形

根据斯密斯学院约瑟夫·欧·若克(Joseph O'Rourke)的著作《美术馆定理和算法》(*Art Gallery Theorems and Algorithms*)(牛津大学出版社,1987)所述,至今我们还不能确定此谜题的设计者.维克特·克里于 1969 年在《美国数学月刊》杂志(*American*

Mathematical Monthly）上发表的一篇文章引起了人们的关注.

如最初假设那样,如果一条光线直射到一个顶角后被吸收,那么可能构建一个多边形,而这个多边形是不能从它的内点进行照明的.托卡斯基(G. Tokarsky)在1995年用下面的例子说明了该问题.

欧·若克猜想在任何镜面多边形 P 中,不能照射到的内点集测度为0,而如果用很小的圆弧取代顶点时,那就根本不存在这样的点.

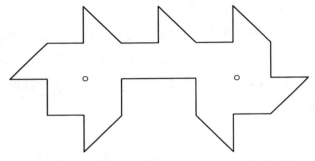

正如克里所发现的那样,可以设计出一个弯曲的闭合图形,不能被它的任一内点进行照明,如下图所示的图形,此图形是利用两个半椭圆(图上的四点为其焦点)建构的.当光线从上半椭圆顶部射来时,下半部的左右两翼仍是漆黑一团.

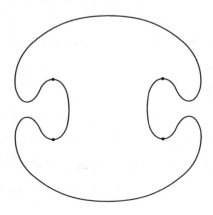

还有一些其他有关的饶有趣味的谜题,如镜子.譬如说,由一些分散的线段形状的镜子组成有限集能否"捕捉"来自某一光源的光线呢? 倘若换成圆形镜子,情况又将怎样呢? 以上可以从欧·若克的一次精彩报告"Unsolved Problems in Visibility"中找到这些问题,而且在报告中,还可以找到更多有关问题.

康威的"Thrackle"

这个有趣的康威猜想开始于 20 世纪 60 年代,可参阅乌多尔(D. R. Woodall)的"Thrackles and Deadlock"一文[刊载于数学研究所会议论文集《组合数学及其应用》(*Combinatorial Mathematics and its Applications*),韦尔什(D. A. J. Welsh)编著,牛津大学出版社(1969),第 335～348 页].为了使谜题更具有迷惑性,猜想进一步简化到,构造两个偶循环的并集,其中两个循环有一个公共点,但不能被画成一个"Thrackle".我知道的最好部分结果是,边的数目不能超过顶点数减去 3 的 2 倍[可参阅罗伐茨(L. Lovász)、帕克(J. Pach)和塞盖迪(M. Szegedy)的论文"On Conway's Thrackle Conjecture",刊载于《离散与计算几何》杂志(*Discrete and Computational Geometry*)第 18 卷(1997)第 369～376 页].

交通堵塞

两条主要单行道的十字路口的交通流向模式是彼哈姆(O. Biham)、米德尔顿(A. A. Middleton)和乐文(D. Levine)在"Self Organization and a Dynamical Transition in Traffic Flow Models"[《物理评论 A》(*Phys. Rev. A*)第 46 卷(1992)R6124]一

文中提出的,这一不同寻常的模式引起了许多人的兴趣和关注.

下面的图片是两种结构的片段,其中一种结构是畅通的结构,另一种结构是堵塞的结构,每种结构中比较典型的情形都出现在微软公司研究员瑞萨·德苏扎(Raissa D'Souza)所做的实验之中.

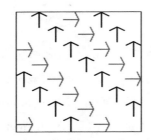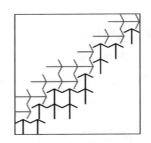

如果我们只证明了满足某个 p 的情况,甚至非常接近于 0 或非常接近于 1,实际上,情况就会像…….

中级猜想

这个著名的哈密尔顿回路(Hamilton cycle)谜题,在不同时期应归功于伊凡·哈维尔(Ivan Hável)、克劳德·伯尔热(Claude Berge)、爱塔罗·德基特(Italo Dejter)、保罗·艾尔多什、特罗特(W. T. Trotter)和大卫·凯利(David Kelley)等组合数学家.哈维尔也许是第一个.当然,这个问题也自然会被再次发现,凯利在1981 年德国的上沃尔法赫举行的会议上提出了这一谜题,并且,鉴于他的简短的问题表述形式而得到了一瓶葡萄酒作为奖品.

请读者注意,这个谜题非常易于传播.实际上,大量实验已经使许多有才智的探索者确信,有一种模式对任意的 n 都有效,没人认为这一猜想是错误的.实际上,罗伯特·罗斯(Robert Roth)

（埃默里大学）几年前就做了一些计算机实验，说明这个数字循环的方式（通过中等水平）是极其迅速增加的 n 的函数，而对于某个 n，函数值降到 0 似乎令人难以置信，不过还没有论证表明其反例存在.

最好的部分结果可在罗伯特·约翰逊（Robert Johnson）的一个学生的新近博士论文中找到.约翰逊已经证明了，当 n 增加时，在中级集的任一高级部分中都存在着一个循环.

构造文氏图

这个谜题像前面的谜题一样，也是关于哈密尔顿回路的.为了把一个新的区域加到 n—文氏图，必须画一条封闭的曲线，使它一次正好穿过每一个领域.这一猜想实际上是由本书作者发现的，可以在《文氏图：一些观察结果和一个开放性问题》（"Venn Diagrams：Some Observations and an Open Problem"）［*Congressus Numeratium* 第 45 卷（1984）第 267～274 页］一文中找到.

在科兰·启拉卡马里（Kiran B. Chilakamarri）、彼德·哈姆博格（Peter Hamburger）和雷蒙德·皮珀特（Raymond E. Pippert）的论文 "Simple，Reducible Venn Diagrams on Five Curves and Hamiltonian Cycles"［《几何学报》（*Geometriae Dedicata*）第 68 卷（1997）第 245～262 页］中，作者们证明了，如果允许多于两条曲线交叉，那么可将最初猜想推广到任一文氏图中.不过，最初的猜想仍然悬而未决，到现在已经有 20 年了.

组合论电子学杂志转载了一些卓有成效的网络调查，其中一个是关于文氏图的，由维多利亚大学的弗兰克·罗斯基（Frank Ruskey）创办.罗斯基可以说是文氏图的专家，其中一篇甚至追溯到了最原始的约翰·文恩(John Venn)的论文"On the Diagrammatic and Mechanical Representation of Propositions and Reasonings"〔*The London*,*Edinburgh*,*and Dublin Philosophical Magazine and Journal of Science* 第 9 卷(1880)第1~18页〕.

123 年间一直没有什么基础性进展,真的! 近来,北卡罗来纳州立大学的奇普·基利安(Chip Killian)和卡拉·撒维基(Carla Savage),以及南卡罗来纳大学的杰里·格里格斯(Jerry Griggs)所做的工作使得一个新的文氏图问题得到解决,展示了怎样制造一个任意素数阶的旋转对称文氏图.巴里·斯普拉(Barry Cipra)对他们的工作做了比较详细的介绍.

咀嚼策略

咀嚼问题是由戴维·盖尔在 1974 年创建的〔"A Curious Nim-Type Game",《美国数学月刊》(*Amer. Math. Monthly*)第 81 卷(1974)第 876~879 页〕,并由马丁·加德纳加以命名.然而,该问题与一个叫作"因子(Divisors)"的游戏实际上是等价的.在弗雷德·苏哈(Fred. Schuh)的《除数的游戏》("Spel van Delers")〔《新数学杂志》(*Nieuw Tijdschrift Voor Wiskunde*)第 39 卷(1952)第 299~304 页〕中可以找到.在苏哈的游戏中,一个正整数 n 是固定的,玩家轮流说出 n 的因子,规定玩家不可以重复先前一个玩家说的数,那么谁先被迫说出"1",谁就是输家.

如果 n 是 $p^a q^b$ 的形式,这里 p 和 q 是互素的,那么所有的玩家说的都是 $p^i q^j$ 的形式,其中 $0 \leqslant i \leqslant a$,$0 \leqslant j \leqslant b$,每个玩家必须有一个 i 或 j 比先前的玩家用的 i 或 j 要小.这与用一个 $(a+1) \times (b+1)$ 巧克力块玩咀嚼游戏是相同的.反过来,一个 d 维巧克力块又会引出以"d 个素数幂之积"为游戏对象的"因子"游戏.

用"窃取"策略来讨论"因子"游戏是非常有效的:第一个玩家必有获胜的策略,因为,如果第二个玩家针对 n 的开局作出回应时,他用以取胜的开局答案已被第一个玩家用作开局了.但没人知道这个策略究竟是什么.

喜欢冒险的人可能会考虑在咀嚼问题中允许使用超限序数.更一般的是"偏序集游戏",它以一个固定的部分有序的 P 集开始,两个玩家轮流从 P 中选取元素,每个玩家抽取的元素不能比先前的玩家抽取的元素大或相等,而游戏的目标是要取到最后一个元素.正如这里所写的那样,关于"偏序集游戏"的最后一个优美的定理是由史蒂芬·伯恩斯(Steven J. Byrnes)(来自马萨诸塞州西罗克斯伯里的一名高中学生)证明的,史蒂芬所证明的定理为他在 2002 西门子威斯丁豪斯竞赛中赢得了 100 000 美元的奖学金.

条条大路通罗马

这个谜题有个一本正经的出处,来自阿德勒(R. L. Adler)、古德温(L. W. Goodwyn)和维斯(B. Weiss)的论文"Equivalence of Topological Markov Shifts"[《以色列数学杂志》(*Israel J. Math*)第 27 卷(1977)第 49~63 页].

这些路被着色后,你可以把 R 和 B 看成是作如下结点集运算的:$R(S)$ 是可以从结点 S 出发通过红色出口到达的结点的集合;$B(S)$ 也类似.那么根据猜想可以得出,对于某种着色,存在着一些 R 和 B 的复合使得结点全集"坍缩"为一个结点.

以下插图说明在三个结点上的两种完全的复合着色,第一种

情形不会产生"坍缩",因为对于任意 S,都有 $|B(S)|=|R(S)|=|S|$,而第二种情形则由 BR 或 RB 而产生"坍缩".

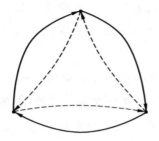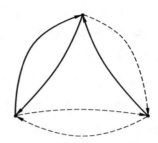

对于某类图来说,这个猜想是正确的,譬如说,如果所有城市都有两条路进入,那么城市的个数就为奇数(可参阅弗里德曼(J. Friedman)的《道路着色问题》("On the Road Coloring Problem")[*Proc. A. M. S.*第 110 卷第 4 期(1990.12)第 1133~1135 页].

圆面上的圆面

这个可爱的猜想是由科罗拉多大学亚历山大・索佛(Alexander Soifer)所提出,它同有关问题已是 *Geombinatorics* 杂志上多篇论文的主题.譬如说,人们已知总面积为 1 的一些方格能被组装到总面积为 2 的区域中去.这一结论已被本书作者等人推广到高维空间中,例如,对于 2 个球的情形,各个体积为 $\frac{1}{2}$ 时,表明 2^{d-1} 是最有可能的.

并—闭集猜想

我们已解决了关于简单的数学对象和有限集情形的谜题.哎呀,即便这些东西仍能导致"恶魔"般的开放式问题.

　　这一"声名狼藉"的猜想似乎在 20 世纪 70 年代由彼德·弗兰克尔(Peter Frankl)第一次提出的(弗兰克尔是生活在日本的匈牙利籍数学家,也是那儿的著名电视主持人),打那以后,这一猜想曾一度使组合学家疯狂,但他们一直连"存在一个元素包含在任意多个($c > 0$)集合中"都未证明出来.

　　克尼尔(E. Knill)的一个巧妙的证明可以从皮欧特·沃斯克(Piotr Wojcik)的论文"Union-Closed Families of Sets"[《离散数学》杂志($Discrete\ Math$)第 199 卷(1999)第 173~182 页]的引文中找到,他证明了,有一个元素至少包含在 $\dfrac{N}{\log_2 N}$ 个集合当中,其中 N 是该族的成员个数.

　　关于这个问题的最新进展是由新泽西学院的戴维·赖默(David Reimer)提出的[可参阅《组合学、概率与计算》($Combinatorics$, $Probability\ \&\ Computing$)第 12 卷(2003)第 89~93 页].赖默证明了在并—闭族中的平均集合大小至少为 $\dfrac{1}{2}\log_2 N$,也是先前弗兰克尔猜想的一个推论.

　　关于集合系统的许多基础问题至今仍然没有得到解决.另一个问题是由罗格斯大学的维萨克·施瓦塔尔(Vašek Chvátal)提出的,至少可追溯到 1972 年.假如集合族 F 在并集中是向下闭合的(即在 F 中集合的任一子集仍属于 F),要想得到尽可能大的相交子集(其中任何两个集合都有非空交集),可通过取所有 F 中包含一个事先审慎选好的元素的那些集合来构成.施瓦塔尔猜想认为,你不可能做得比这更好了.

结束语

························

　　一个不会处理数学问题的人不能算是个完人，充其量就是一个尚好的"次等人"——一个会穿鞋子、洗浴、整理房间的人.

　　　　　　——拉扎罗斯·朗（Lazarus Long）

　　　　　　《时间足够你爱》（*Time Enough for Love*）

　　你已经阅读的或打算阅读的这本书，只是数学谜题的一个汇编，而不是一本纯粹意义上的数学书.这里主要收集的是些趣味性问题，并不一定是些重要问题.全书内容构成没有理论基础，设置也没有框架，也没有强加些条条框框.本书所关注的范围犹如蹒跚学步的孩子所关注的范围那么广泛.

　　即使对于那些提倡以问题驱动的方式来做数学研究的人［像蒂姆·葛维尔（Tim Gowers），《数学的两种文化》（*The Two Cultures of Mathematics*）一文的作者］来说，也可能并不认同从谜题书中去学数学，诚然，本书作者对此也无可非议.

　　不过，我有种体悟：那就是理解、欣赏谜题，甚至是其中的一两种解法,都会使你得益匪浅.在本书中,我并不打算阐释问题解决者的思想,如同波利亚和其他人所做的那样,让谜题自己来发言吧.在这里,谜题发言了,而且所说的都是事实.

彼得·温克勒
2003 年 7 月 9 日